高等职业教育工程造价专业"双证书"教材

建筑工程施工组织设计与管理

普 荃 主 编
尹越琳 周灵娜 副主编
周克非[云南神州天宇置业有限公司] 主 审

人民交通出版社股份有限公司
China Communications Press Co.,Ltd.

内 容 提 要

本书是高等职业教育工程造价专业"双证书"教材。全书分五个学习情境,下设学习任务,主要内容包括:施工组织设计概述、施工准备及施工部署、网络计划应用、编制施工组织设计、施工组织管理。另外,有较为丰富的电子资源案例,为近3年已完工或在建实体项目改编而成,可供学习参考。

本书既可作为高等职业院校工程造价专业的教学用书,又能满足其他相关专业的教学需要,也可供工程技术人员和管理人员学习参考。

本教材配套多媒体课件,可通过加入职教路桥教学研讨群(QQ561416324)索取。

图书在版编目(CIP)数据

建筑工程施工组织设计与管理／普荃主编.—北京:人民交通出版社股份有限公司,2016.8
高等职业教育工程造价专业"双证书"教材
ISBN 978-7-114-13149-3

Ⅰ.①建… Ⅱ.①普… Ⅲ.①建筑工程—施工组织—设计—高等职业教育—教材 ②建筑工程—施工管理—高等职业教育—教材 Ⅳ.①TU7

中国版本图书馆 CIP 数据核字(2016)第 144524 号

高等职业教育工程造价专业"双证书"教材

书　　名:	建筑工程施工组织设计与管理
著 作 者:	普　荃
责任编辑:	刘　倩　李学会
出版发行:	人民交通出版社股份有限公司
地　　址:	(100011)北京市朝阳区安定门外外馆斜街3号
网　　址:	http://www.ccpress.com.cn
销售电话:	(010)59757973
总 经 销:	人民交通出版社股份有限公司发行部
经　　销:	各地新华书店
印　　刷:	北京盈盛恒通印刷有限公司
开　　本:	787×1092　1/16
印　　张:	11.5
字　　数:	284千
版　　次:	2016年8月　第1版
印　　次:	2017年7月　第2次印刷
书　　号:	ISBN 978-7-114-13149-3
定　　价:	30.00元

(有印刷、装订质量问题的图书由本公司负责调换)

出版说明

高等职业教育是培养面向基层生产、服务和管理第一线的技术技能型人才。2013年1月,原交通职业教育教学指导委员会路桥工程专业指导委员会在哈尔滨召开了"2013年工作会议暨'十二五'职业教育国家规划教材选题申报工作会议",由人民交通出版社拟定的高等职业教育工程造价专业"双证书"教材编写计划在会上经过教师们的热烈讨论,最终确定了公路工程和建筑工程两个方向共计17门课程的课程名称、编写计划和主编人员。

本套教材是为双证书型工程造价专业而组织编写的,具有以下两个方面的特点:

第一,本套教材在编写过程中,主编人员邀请省级交通厅交通工程定额站专家、工程技术人员全程参与并承担主审工作,使得本教材内容和知识结构更符合实际工作岗位的要求,针对性、实用性和可操作性也更强。

第二,本套教材的内容以造价人员从业资格考试大纲为主线,力求使公路工程方向的教材覆盖交通运输部公路工程乙级造价人员过渡考试要求的知识点,建筑工程方向的教材覆盖住房和城乡建设部造价员考试的知识点,并附有近年来工程造价人员相关课程考试复习题。学生通过本套教材的学习,除了能够在未来的工作岗位上从事工程造价相关工作外,同时为今后参加造价工程师(造价员)执业资格考试奠定基础。

2013年10月8日,交通运输部和教育部联合发布了《交通运输部、教育部关于在职业院校交通运输类专业推行"双证书"制度的实施意见》(交发〔2013〕606号)(简称为《意见》)。《意见》提出的总体目标是:到2020年,职业院校交通运输类专业教学标准与国家职业标准联动机制更加健全,学历证书与职业资格证书相互衔接更加紧密,交通运输应用技术和技能人才培养质量和数量基本满足行业发展需要。《意见》还主要提到了以职业能力为基础,建立健全职业标准评价体系;以职业资格为引领,不断深化职业教育教学改革;以质量评价为核心,积极推进"双证书"制度组织实施。

高等职业教育实行双证书制度,即高等职业院校的毕业生取得学历和技术等级或职业资格两种证书,这是高等职业教育自身的特性和社会的需要。人民交通出版社股份有限公司推出的本套高等职业教育工程造价专业"双证书"教材,希望对双证书人才的培养有所裨益。

本套教材的出版凝聚了交通、建筑行业专家、教师的集体智慧和辛勤劳动,在此向所有关心、支持本套教材编写出版的各级领导、专家、教师致以真诚的感谢。

人民交通出版社股份有限公司
2014年6月

前　言

随着人类社会的进步、经济的发展和科学技术水平的提高,建筑工程施工组织设计与管理这门学科的内涵也不断发生变化,和以前的教材相比,本书更突出"与时俱进"。结合目前施工技术文件已经完全转变成一个全面的项目策划和管理文件,而施工组织设计就是进行统筹规划、协调各方面矛盾、正确指导施工活动的一部纲领性文件。施工组织设计是对整个施工活动的总设计、总规划,是建筑项目管理的灵魂。一些新的施工方法、先进科学的管理手段越来越广泛地应用在工程建设中,而施工组织设计则是将建筑活动的程序不断优化,使工作协调和谐,实现较高的工作效率,达到工期短、质量优、成本低的综合效果。这对施工组织设计的编制有了更高要求,在本书中将得到较好体现。

本书采用任务引领式进行编写,将每个单元的重点核心内容通过问题引入,让学生带着问题进入任务目标进行学习,同时将本单元的知识目标也直接罗列出,让读者可以清楚通过本单元学习要达成的学习目标,从而达到较好的学习效果。

本书增加了很多计算实例和工程项目的施工组织设计实例,通过对实例的分析,将理论与实践相结合。为方便读者自学,对每个步骤数据如何得出都进行了较为完整的交代,并将相关的计算过程详细列出,读者可以参照计算。

本书配套有相应的施工组织实例,均为近几年施工的实体工程项目改编而成,展示了现代施工组织设计与管理更加注重安全与质量的新趋势(如考虑危险源识别及风险管理等),时效性显著;同时,对设计人员、管理人员、监理人员应该要掌握或必须要熟悉的一些进度控制的方法(如时标网络进度计划、单代号搭接网络计划等)及目前应用较为广泛的广联达梦龙软件进行三维场地布置和进度计划编制也进行了扼要编写,实用性强,能为参加项目管理大赛的选手提供有价值和指导性的参考。进度网络计划和三维场地布置软件可协同导入广联达 BIM5D 软件,可对整个工程项目进行计算机信息化管理,也为相关设计人员和项目管理人员提供了参考。本书还对工程项目的质量管理、安全管理、成本管理及施工现场组织相关要求和方法进行了描述,结合目前较为流行的 PDCA 循环管理法和安全隐患排查等,为工程管理的相关人员提供了有用参考。

本书学习情境一、学习情境三由云南交通职业技术学院的普荃编写;学习情境二由云南交通职业技术学院的尹越琳编写;学习情境四由湖南交通职业技术学院周灵娜编写;学习情境五由上述 3 人共同编写。全书由建筑业内专家周克非先生主审,周先生为本书提供了很多实用的参考意见。

由于编者水平有限,加之时间仓促,书中不足之处在所难免,敬请各位专家及广大读者批评指正。

编　者
2016 年 3 月

目 录

学习情境一 施工组织设计概述 ... 1
学习任务一 建筑施工产品及施工特点 ... 1
学习任务二 建设程序和建设工程管理制度 ... 3
学习任务三 施工组织设计的概念及作用 ... 8
学习任务四 施工组织设计的内容 ... 10
学习任务五 施工组织设计的常见错误和装帧要求 ... 14

学习情境二 施工部署与施工准备 ... 16
学习任务一 施工方案部署 ... 16
学习任务二 施工组织与部署 ... 20
学习任务三 资源部署 ... 43
学习任务四 场地部署 ... 44
学习任务五 施工准备 ... 57

学习情境三 网络计划应用 ... 60
学习任务一 双代号网络计划 ... 60
学习任务二 单代号网络计划 ... 82
学习任务三 网络计划的优化 ... 91
学习任务四 广联达梦龙网络计划编制系统的应用 ... 99
学习任务五 广联达 BIM 施工现场布置软件的应用 ... 117

学习情境四 编制施工组织设计实例 ... 124
学习任务一 投标前施工组织设计 ... 124
学习任务二 施工组织总设计 ... 131
学习任务三 单位工程施工组织设计 ... 142
学习任务四 专项方案施工组织设计 ... 151

学习情境五 施工组织管理 ... 154
学习任务一 建设工程项目质量管理 ... 154
学习任务二 建设工程项目安全管理 ... 161
学习任务三 建设工程项目成本管理 ... 168
学习任务四 建设工程项目现场组织与管理 ... 171

参考文献 ... 174

学习情境一　　施工组织设计概述

【问题引入】
1. 施工组织设计的目的何在？为什么要做施工组织设计？
2. 施工组织设计是如何分类的？

【知识目标】
1. 了解建设项目的基本程序；
2. 掌握施工组织设计的相关概念；
3. 熟悉施工组织设计的分类情况；
4. 了解施工组织设计的目的和作用；
5. 了解施工组织设计在编写中常见的错误是什么。

【知识链接】

施工组织设计是用以指导施工组织管理、施工准备与实施、施工控制与协调、资源的配置与使用等全面性的技术经济文件，是对施工活动的全过程进行科学管理的重要手段。它的任务是要对具体的拟建工程(建筑群或单个建筑物)的整个施工过程，在人力和物力、时间和空间、技术和组织上，做出一个全面而合理的且符合好、快、省、安全要求的计划安排。

学习任务一　　建筑施工产品及施工特点

一、建筑产品的特点

建筑产品和其他产品一样，具有商品的属性。但从其产品的特点来看，却具有与一般商品不同的特点，具体表现在：

1. 建筑产品的空间固定性

建筑产品从形成的那一天起，便与土地牢固地结为一体，形成了建筑产品最大的特点，即产品的固定性。建筑产品的建造和使用，与选定地点的土地不可分割，从建造开始直至拆除均不能移动。所以，建筑产品建造和使用地点在空间上是固定的。

2. 建筑产品的多样性

建筑产品不但要满足各种实用功能的要求，而且还要体现出地区的民族风格、物质文明和精神文明，同时也受到该地区的自然条件诸因素的限制，使建筑产品在规模、结构、形式、装饰等诸多方面发生变化，各不相同。

3. 建筑产品的体型庞大

无论是简单的建筑产品，还是复杂的建筑产品，为了满足其实用功能的需要，都需要使用大量的物质，占用广阔的平面与空间。

二、建筑产品生产的特点

建筑产品本身的地点固定性、产品类型的多样性、体型的庞大性及综合性,决定了建筑产品生产特点与一般商品有所不同。具体特点如下。

1. 建筑产品生产的流动性

建筑产品地点的固定性决定了产品生产的流动性。一般商品的生产,都是在固定的工厂、车间内进行生产,生产者和生产设备是固定的,产品在生产线上流动。而建筑产品的生产刚好相反,由于建筑产品固定不动,而人员、材料、机械等都要围绕建筑产品移动,要从一个工地移动到另一个工地,要从房屋的这个部位转移到另外一个部位。许多不同的工种,在同一工作面上施工,不可避免地发生时间、空间的矛盾,这就需要进行施工组织设计,使流动的人员、材料、机械等能协调,达到连续、均衡的施工。

2. 建筑产品生产的单件性

建筑产品地点的固定性和类型的多样性决定了产品生产的单件性。一般的普通产品是在一定的时期内,按统一的工艺流程进行批量生产;而每一项建筑产品,都是按照建设单位的要求进行单独设计、单独施工的。因此,实物形态、工程内容都互不相同。即使是选用标准设计、采用通用的构件或配件,也会由于建筑产品所在地区的自然、政治、经济、技术条件的不同而不同。因此,建筑产品生产具有单件性。

3. 建筑产品生产的地区性

由于建造地区不同,同一使用功能的建筑产品必然受到建设地区的自然、政治、经济、技术条件等条件的约束,其结构、构造、建筑材料、施工方法等方面各不相同。因此建筑产品具有生产的地区性。

4. 建筑产品生产的周期长

由于建筑产品体型庞大,在建筑产品的建成过程中,必然耗费大量的人力、物力、财力和时间。同时,建筑产品的生产过程还要受到工艺流程和施工程序的制约,使各专业、各工种间必须按照合理的施工顺序进行配合和搭接。又由于建筑产品地点的固定性,施工活动的空间具有局限性,从而导致建筑产品生产的周期长。

5. 建筑产品生产的高空作业多

建筑产品的体积庞大,决定了建筑产品生产具有高空作业多的特点。特别是随着城市化的发展,高层、超高层建筑的增多,建筑产品生产的高空作业多的特点日益突出。

6. 建筑产品生产的露天作业多

建筑产品体积庞大,使其不具备在室内生产的可能性,一般都要求露天作业。即使某些构件或配件可以在工厂内生产,仍需要在施工现场内进行总装配后才能形成最终建筑产品。因此,建筑产品的生产具有露天作业多的特点。

7. 建筑产品生产组织协作的综合复杂性

建筑产品涉及土建、水电、热力、设备安装、室外市政工程等不同专业,涉及企业内部各部门和人员,涉及企业外部的勘察设计、建设、施工、监理、造价咨询、消防、环境保护、材料供应等多单位,需要各部门和单位之间的协调配合,从而使建筑产品生产组织协作综合复杂。

学习任务二　建设程序和建设工程管理制度

> 1. 工程项目的建设程序是什么?
> 2. 建设工程的各阶段应分别以什么工作为主?
> 3. 目前我国建设工程管理的主要制度是什么?

一、建设程序

建设程序是指一项建设工程从设想、提出到决策,经过设计、施工直至投产或交付使用的整个过程中,各项工作必须遵循的先后工作次序。科学的建设程序应当在坚持"先勘察后设计、再施工"的基础上,突出优化决策、竞争择优、委托监理的原则。从事建设工程活动,必须严格执行建设程序。

世界上各个国家和国际组织在工程项目建设程序上可能存在着某些差异,但是按照工程建设项目发展的内在规律,投资建设一个工程项目都要经过投资决策和建设实施两个发展时期。这两个发展时期又可分为若干个阶段,它们之间存在着严格的先后次序,可以进行合理的交叉,但不能任意颠倒次序。

新中国成立以后,我国的建设程序经过了一个不断完善的过程。目前,我国的建设程序与计划经济时期相比较,已经发生了重要变化。其中,关键性的变化一是在投资决策阶段实行了项目决策咨询评估制度,二是实行了工程招标投标制度,三是实行了建设工程监理制度,四是实行了项目法人责任制度。

二、建设工程各阶段工作内容

1. 项目建议书阶段

项目建议书是业主单位向政府提出的要求建设某一项目的建议文件,是对工程项目建设的轮廓设想。项目建议书又称立项报告,往往是在项目早期,项目条件还不够成熟,仅有规划意见书,对项目的具体建设方案还不明晰,市政、环保、交通等专业咨询意见尚未办理。项目建议书主要论证项目建设的必要性,建设方案和投资估算也比较粗,投资误差为 ±30% 左右。

项目建议书的内容视项目的不同而有繁有简,但一般应包括以下几方面内容:

(1) 项目提出的必要性和依据。
(2) 产品方案、拟建规模和建设地点的初步设想。
(3) 资源情况、建设条件、协作关系等的初步分析。
(4) 投资估算和资金筹措设想。
(5) 项目的进度安排。
(6) 经济效益和社会效益的估计。
(7) 环境影响的初步评价。

随着我国投资体制的改革深入,特别是《国务院关于投资体制改革的决定》的出台和落实,除政府投资项目延续审批要求外,非政府投资类项目一律取消审批制,改为核准制和备案制。其中,对重大项目和限制项目进行核准,大中型及限额以上项目的项目建议书首先应报送行业归口主管部门,同时抄送国家发改委。凡行业归口主管部门初审未通过的项目,国家发改委不予审批;凡属小型或限额以下项目的项目建议书,按项目隶属关系由部门或地方发改委审批。

像房地产等非政府投资的经营类项目基本上都属于备案制之列,房地产开发商只需依法办理环境保护、土地使用、资源利用、安全生产、城市规划等许可手续和减免税确认手续,项目建议书和可行性研究报告可以合并,甚至不是必经流程。房地产开发商按照属地原则向地方政府投资主管部门(一般是当地发改委)进行项目备案即可。

2. 可行性研究阶段

可行性研究是在前一阶段的项目建议书获得审批通过的基础上,对建设项目在技术上是否可行、经济上是否合理进行的科学的分析和论证。

在可行性研究阶段,项目至少有方案设计,市政、交通和环境等专业咨询意见也必不可少。对于房地产项目,一般还要有详规或修建性详规的批复。此阶段投资估算要求较细,原则上误差在±10%;相应地,融资方案也要详细,每年的建设投资要落到实处,有银行贷款的项目,要有银行出具的资信证明。

1) 可行性研究报告的内容

可行性研究工作完成后,需要编写出反映其全部工作成果的"可行性研究报告"。就其内容来看,各类项目的可行性研究报告内容不尽相同但一般应包括以下基本内容:

(1) 项目提出的背景、投资的必要性和研究工作依据。
(2) 需求预测及拟建规模、产品方案和发展方向的技术经济比较和分析。
(3) 资源、原材料、燃料及公用设施情况。
(4) 项目设计方案及协作配套工程。
(5) 建厂条件与厂址方案。
(6) 环境保护、防震、防洪等要求及其相应措施。
(7) 企业组织、劳动定员和人员培训。
(8) 建设工期和实施进度。
(9) 投资估算和资金筹措方式。
(10) 经济效益和社会效益。

2) 可行性研究报告的审批

按照国家现行规定,凡属中央政府投资、中央和地方政府合资的大中型和限额以上项目的可行性研究报告,都要报送国家发改委审批。总投资在2亿元以上的项目,无论是中央政府投资还是地方政府投资,都要经国家发改委审查后报国务院审批。中央各部门所属小型和限额以下项目的可行性研究报告,由各部门审批。总投资额在2亿元以下的地方政府投资项目,其可行性研究报告由地方发改委审批。可行性研究报告经批准,建设项目才算正式"立项"。

可行性研究报告经过正式批准后,将作为初步设计的依据,不得随意修改或变更。如果在建设规模、产品方案、建设地点、主要协作关系等方面有变动以及突破原定投资控制数时,应报请原审批单位同意,并正式办理变更手续。可行性研究报告经批准,建设项目才算正式"立项"。

3. 设计工作阶段

设计是对拟建工程的实施在技术上和经济上所进行的全面而详尽的安排,是基本建设计划的具体化,同时是组织施工的依据。工程项目的设计工作一般划分为两个阶段,即初步设计和施工图设计。重大项目和技术复杂项目,可根据需要增加技术设计阶段。

(1)初步设计。初步设计是根据可行性研究报告的要求所做的具体实施方案,目的是为了阐明在指定的地点、时间和投资控制数额内,拟建项目在技术上的可能性和经济上的合理性,并通过对工程项目所作出的基本技术经济规定,编制项目总概算。

初步设计不得随意改变被批准的可行性研究报告所确定的建设规模、产品方案、工程标准、建设地址和总投资等控制目标。如果初步设计提出的总概算超过可行性研究报告总投资的10%以上或其他主要指标需要变更时,应说明原因和计算依据,并重新向原审批单位报批可行性研究报告。

(2)技术设计。应根据初步设计和更详细的调查研究资料,进一步解决初步设计中的重大技术问题,如工艺流程、建筑结构、设备选型及数量确定等,使工程建设项目的设计更具体、更完善,技术指标更好。

(3)施工图设计。根据初步设计或技术设计的要求,结合现场实际情况,完整地表现建筑物外形、内部空间分割、结构体系、构造状况以及建筑群的组成和周围环境的配合。它还包括各种运输、通信、管道系统、建筑设备的设计。在工艺方面,应具体确定各种设备的型号、规格及各种非标准设备的制造加工图。

4. 建设准备阶段

项目在开工建设之前要切实做好各项准备工作,其主要内容包括:

(1)征地、拆迁和场地平整。
(2)完成施工用水、电、路等工作。
(3)组织设备、材料订货。
(4)准备必要的施工图纸。
(5)组织施工招标,择优选定施工单位。

按规定进行了建设准备和具备了开工条件以后,便应组织开工。建设单位申请批准开工要经国家发改委统一审核后,编制年度大中型和限额以上工程建设项目新开工计划报国务院批准。部门和地方政府无权自行审批大、中型和限额以上工程建设项目开工报告。年度大、中型和限额以上新开工项目经国务院批准,国家发改委下达项目计划。

一般项目在报批开工前,必须由审计机关对项目的有关内容进行审计证明。审计机关主要是对项目的资金来源是否正当及落实情况,项目开工前的各项支出是否符合国家有关规定,资金是否存入规定的专业银行进行审计。

5. 施工安装阶段

工程项目经批准开工建设,项目即进入施工阶段。项目开工时间,是指工程建设项目设计文件中规定的任何一项永久性工程,第一次正式破土开槽开始施工的日期。不需开槽的工程,正式开始打桩的日期就是开工日期。铁路、公路、水库等需要进行大量土、石方工程的,以开始进行土方、石方工程的日期作为正式开工日期。工程地质勘察、平整场地、旧建筑物的拆除、临时建筑、施工用临时道路和水、电等工程开始施工的日期不能算作正式开工日期。分期建设的项目分别按各期工程开工的日期计算,如二期工程应根据工程设计文件规定的永久性工程开工的日期计算。

施工安装活动应按照工程设计要求、施工合同条款及施工组织设计,在保证工程质量、工期、成本及安全、环保等目标的前提下进行,达到竣工验收标准后,由施工单位移交给建设单位。

6. 生产准备阶段

对于生产性工程建设项目而言,生产准备是项目投产前由建设单位进行的一项重要工作。它是衔接建设和生产的桥梁,是项目建设转入生产经营的必要条件。建设单位应适时组成专门班子或机构做好生产准备工作,确保项目建成后能及时投产。

生产准备工作的内容根据项目或企业的不同,其要求也各不相同,但一般应包括以下主要内容:

(1)招收和培训生产人员。招收项目运营过程中所需要的人员,并采用多种方式进行培训。特别要组织生产人员参加设备的安装、调试和工程验收工作,使其能尽快掌握生产技术和工艺流程。

(2)组织准备。主要包括生产管理机构设置、管理制度和有关规定的制订、生产人员配备等。

(3)技术准备。主要包括国内装置设计资料的汇总,有关国外技术资料的翻译、编辑,各种生产方案、岗位操作法的编制以及新技术的准备等。

(4)物资准备。主要包括落实原材料、协作产品、燃料、水、电、气等的来源和其他需协作配合的条件,并组织工具、器具、备件等的制造或订货。

7. 竣工验收阶段

当工程项目按设计文件的规定内容和施工图纸的要求全部建完后,便可组织验收。竣工验收是工程建设过程的最后一环,是投资成果转入生产或使用的标志,也是全面考核基本建设成果、检验设计和工程质量的重要步骤。竣工验收对促进建设项目及时投产,发挥投资效益及总结建设经验,都有重要作用。通过竣工验收,可以检查建设项目实际形成生产能力或效益,也可避免项目建成后继续消耗建设费用。

8. 后评价阶段

项目后评价是工程项目竣工投产、生产运营一段时间后,再对项目的立项决策、设计施工、竣工投产、生产运营等全过程进行系统评价的一种技术经济活动,是固定资产投资管理的一项重要内容,也是固定资产投资管理的最后一个环节。通过建设项目后评价,可以达到肯定成绩、总结经验、研究问题、吸取教训、提出建议、改进工作、不断提高项目决策水平和投资效果的目的。

项目后评价的内容包括立项决策评价、设计施工评价、生产运营评价和建设效益评价。在实际工作中,可以根据建设项目的特点和工作需要而有所侧重。

三、建设工程的主要管理制度

按照我国有关规定,在工程建设中,应当实行项目决策咨询制、项目法人责任制、工程招标投标制、建设工程监理制、合同管理制等主要制度。这些制度共同构成了建设工程管理制度体系。

1. 项目决策咨询制

项目决策阶段的各项技术经济决策,对项目的工程造价有重大影响,特别是建设标准的确定、建设地点的选择、工艺的评选、设备选用等,直接关系到工程造价的高低。据有关资料统计,在项目建设各阶段中,投资决策阶段影响工程造价的程度最高,达到70%~90%。因此,项目决策阶段一定要坚持项目决策咨询制,在详细调查摸底的基础上,充分听取社会各界的意见建议,进行详细的项目技术、经济方案论证,确保项目决策的正确性,避免决策失误。

2. 项目法人责任制

为了建立投资约束机制,规范建设单位的行为,建设工程应当按照政企分开的原则组建项目法人,实行项目法人责任制,即由项目法人对项目的策划、资金筹措、建设实施、生产经营、债务偿还和资产的保值增值实行全过程负责的制度。

国有单位经营性大中型建设工程必须在建设阶段组建项目法人。项目法人可按《中华人民共和国公司法》(以下简称《公司法》)的规定设立有限责任公司(包括国有独资公司)和股份有限公司等。

新上项目在项目建议书被批准后,应及时组建项目法人筹备组,具体负责项目法人的筹建工作。筹备组主要由项目投资方派代表组成。

申报项目可行性研究报告时,需同时提出项目法人组建方案,否则,其可行性研究报告不予审批。项目可行性报告经批准后,正式明确项目法人,并按有关规定确保资金按时到位。

3. 工程招标投标制

为了在工程建设领域引入竞争机制,择优选定勘察单位、设计单位、施工单位以及材料设备供应单位,需要实行工程招标投标制。

1999年8月30日全国人大常委会通过了《中华人民共和国招标投标法》(以下简称《招标投标法》),并于2000年1月1日起施行。国家通过立法,来推行招标投标制度,以达到规范招标投标活动,保护国家和公共利益,提高公共采购效益和质量的目的。这部法律带来了招投标体制的巨大变革。

《招标投标法》执行到今天出现了一些变化,首先是对国有资本及民营资本的投资性质进行了区分,目前对国有投资进行更加严格的管控,但对民营资本投资的项目出台了许多便利条件,如可以只采用邀请投标或议标等方式进行。

4. 建设工程监理制

建设工程监理制于1988年开始试点,5年后逐步推开,1997年《中华人民共和国建筑法》以法律制度的形式做出规定,国家推行建筑工程监理制度,从而使建设工程监理在全国范围内进入全面推行阶段。

所谓建设工程监理,是指具有相应资质的监理单位受工程项目建设单位的委托,依据国家有关工程建设的法律、法规,经建设主管部门批准的工程项目建设文件,建设委托监理合同,对工程建设实施专业化管理。实行建设工程监理制,目的在于提高工程建设的投资效益和社会效益。建设工程监理的主要方法是规划、控制、协调,主要任务是控制建设工程的投资、进度和质量,最终应当达到的基本目的是协助建设单位在计划的目标内将建设工程建成投入使用。

坚持建设工程监理制度,有利于提高建设工程投资决策科学化水平,有利于规范工程建设参与各方的建设行为,有利于促使承建单位保证建设工程质量和使用安全,有利于实现建设工程投资效益最大化。

5. 合同管理制

合同管理制的基本内容是建设工程的勘察、设计、施工、材料设备采购和建设工程监理都要依法订立合同。各类合同对双方当事人的权利、义务,对履行的质量、期限等都有明确的要求。违约方要承担相应的法律责任。

【知识链接】

1. 必须实行招标的项目

规定一：《中华人民共和国招标投标法》

大型基础设施、公共事业等关系社会公共利益、公共安全的项目；全部或者部分使用国有资金投资或者国家融资的项目；使用国际组织或者外国政府贷款、援助资金的项目。

规定二：《工程建设项目招标范围和规模标准规定》

招标范围内的各类工程建设项目，达到下列标准之一的，必须进行招标：

(1) 施工单项合同估算价在 200 万元人民币以上的；

(2) 重要设备、材料等货物的采购，单项合同估算价在 100 万元人民币以上的；

(3) 勘察、设计、监理等服务的采购，单项合同估算价在 50 万元人民币以上的；

(4) 单项合同估算价低于上述 3 种情况规定的标准，但项目总投资额在 3000 万元人民币以上的项目必须进行招标。

招标投标法律、法规和规章不断完善和细化，招标程序不断规范，必须招标和必须公开招标范围得到了明确，招标覆盖面进一步扩大和延伸，工程招标已从单一的土建安装延伸到道桥、装饰装修、建筑设备和工程监理等。

2. 组成建设工程施工合同的文件包括：

(1) 合同协议书；

(2) 中标通知书(如果有)；

(3) 投标函及其附录(如果有)；

(4) 专用合同条款及其附件；

(5) 通用合同条款；

(6) 技术标准和要求；

(7) 图纸；

(8) 已标价工程量清单或预算书；

(9) 其他合同文件。

学习任务三 施工组织设计的概念及作用

一、施工组织设计的概念

建筑施工组织设计是根据拟建工程的特点，对人力、材料、机械、资金、施工方法等方面所作的全面的、科学的、合理的安排，并形成指导拟建工程施工全过程中各项活动的技术、经济和组织的综合性文件。

建筑施工组织设计的基本任务是根据业主对建设项目的各项要求，选择经济、合理、有效的施工方案；确定紧凑、均衡、可行的施工进度；拟订有效的技术组织措施；优化配置和节约使用劳动力、材料、机械设备、资金和技术等生产要素(资源)；合理利用施工现场的空间等。据此，施工就可以有条不紊地进行，并将达到多、快、好、省的目的。

二、建筑施工组织设计的作用

(1) 施工组织设计可以指导工程投标与签订工程承包合同，并作为投标书的内容和合同文件的一部分。

(2) 施工组织设计是施工准备工作的重要组成部分，它对施工过程实行科学管理，以确保各施工阶段的准备工作按时进行。

(3)通过施工组织设计的编制,可以全面考虑拟建工程的各种具体施工条件,扬长避短地拟定合理的施工方案,确定施工顺序、施工方法和劳动组织,合理地统筹安排拟定施工进度计划。

(4)施工组织设计中所编制的各项资源需要量计划,直接为组织材料、机具、设备、劳动力需要量的供应与使用,提供数据支持。

(5)通过编制施工组织设计,可以合理地安排为施工服务的各项临时设施,可以合理地部署施工现场,确保文明施工、安全施工。

(6)通过编制施工组织设计,可以将工程的设计与施工、技术与经济、施工全局性规律和局部性规律、土建施工与设备安装、各部门、各专业之间进行有机结合,统一协调。

(7)通过编制施工组织设计,可以分析施工中的风险和矛盾,及时研究解决问题的对策、措施,从而提高施工的预见性,减少盲目性。

三、建筑施工组织设计的分类

(1)根据施工组织设计编制的广度、深度和作用的不同,可分为施工组织总设计、单位工程施工设计、分部(分项)工程施工组织设计。

施工组织总设计是以若干单位工程组成的群体工程或特大型项目为主要对象编制的施工组织设计,对整个项目的施工过程起统筹规划、重点控制的作用。

单位工程施工组织设计是以单位(子单位)工程为主要对象编制的施工组织设计,对单位(子单位)工程的施工过程起指导和制约作用。

分部(分项)工程施工组织设计是以分部(分项)工程或专项工程为主要对象编制的施工技术与组织方案,用以具体指导其施工过程。

(2)根据中标前后不同,可分为标前施工组织设计和标后施工组织设计。

标前施工组织设计是投标文件的重要组成部分,也称技术标(相对于商务标),其目的是实现中标、承揽工程。

标后施工组织设计是投标单位中标后,根据实际施工条件和生效的施工文件,编制的用于具体指导施工组织的技术文件。

(3)根据编制内容的繁简程度不同,可分为完整的施工组织设计和简单的施工组织设计两种。

完整的施工组织设计:对于工程规模大、结构复杂、技术要求高,采用新结构、新技术、新材料和新工艺的拟建工程项目,必须编制内容详尽的完整施工组织设计。

简单的施工组织设计:对于工程规模小、结构简单、技术要求和工艺方法不复杂的拟建工程项目,可以编制一般仅包括施工方案、施工进度计划和施工总平面布置图等内容粗略的简单施工组织设计。

在实践中,投标阶段的施工组织设计往往作为建设单位衡量施工单位对项目的了解及重视程度而影响投标结果;而合理的施工组织设计对进度、成本、质量的影响具有决定性的影响。

总之,通过施工组织设计,可以把施工生产合理地组织起来,规定出有关施工活动的基本内容,保证了具体的工程施工得以顺利进行和完成。因此,编制施工组织设计在施工组织与管理工作中占有十分重要的地位。

一个工程项目如果施工组织设计编制得好,能反映客观实际,能符合国家相关规定的全面要求,并且得到认真的贯彻执行,那施工就可以有条不紊地进行,工程项目将处于主动地位,取得好、快、省、安全的效果。若没有施工组织设计或施工组织设计脱离实际,或虽有质量优良的施工组织设计,但未得到很好的贯彻执行,就很难正确地组织具体工程的施工,工程项目将处于被动状态,造成不良的后果,难以完成施工任务及其预定的目标。

学习任务四　　施工组织设计的内容

> 1. 施工组织设计的内容是什么?
> 2. 施工组织设计由谁编制、谁审批的?

施工组织设计的内容一般包括三图(工艺流程图、进度计划、平面布置图)、三表(机械设备表、劳动力计划表、材料需求表)、一说明(综合说明)、四项措施(质量、安全、工期、环保措施)。下面对编制的各部分内容分述如下。

一、施工组织总设计的主要内容

施工组织总设计是以整个工程项目为对象而编制的。它是对整个建设工程项目施工的战略部署,是指导全局性施工的技术和经济纲要。施工组织总设计的主要内容如下:

(1)工程概况;
(2)总体施工部署;
(3)施工总进度计划;
(4)总体施工准备与主要资源配置计划;
(5)主要施工方法;
(6)施工总平面布置;
(7)有关质量、安全和降低成本等技术组织措施和技术经济指标。

二、单位工程施工组织设计的内容

单位工程施工组织设计是以单位工程为对象,由项目经理组织,在项目技术负责人领导下进行编制的,用以直接指导单位工程的施工活动,是施工单位编制分部工程施工组织设计和季、月、旬施工计划的依据。单位工程施工组织设计根据工程规模和技术复杂程度不同,其编制内容的深度和广度有所不同。单位工程施工组织设计的主要内容如下:

(1)工程概况;
(2)施工部署;
(3)施工进度计划;
(4)施工准备与资源配置计划;
(5)主要施工方案;
(6)施工现场平面布置。

三、分部(分项)工程施工组织设计的内容

分部(分项)工程施工组织设计的主要内容:
(1)工程概况;

（2）施工安排；
（3）施工进度计划；
（4）施工准备与资源配置计划；
（5）施工方法及工艺要求。

四、施工组织设计的编制、审批

1. 施工组织总设计的编制

施工组织总设计是以一个建设项目或建筑群等单项工程为编制对象，用以指导其施工全过程各项活动的技术、经济综合文件，是对建设项目施工组织的通盘规划。当初步设计或扩大初步设计批准后，以总承包单位为主，由建设、设计、分包及有关单位参加，结合施工准备和计划安排进行编制。

2. 施工组织设计的编制、审批流程

施工组织设计审批流程如图1-1所示。

3. 分部（分项）工程施工方案的审批流程

建筑工程实行施工总承包的，专项方案应当由施工总承包单位组织编制。其中，起重机械安装拆卸工程、深基坑工程、附着式升降脚手架等专业工程实行分包的，其专项方案可由专业承包单位组织编制。实行施工总承包的，由总承包单位技术负责人及专业承包单位技术负责人审核。以上级单位名义承接的工程，应由上级单位技术负责人或其授权人审批。

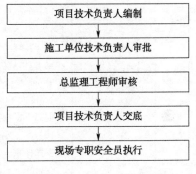

图1-1　施工组织设计审批流程

（1）危险性较大的分部（分项）工程施工方案的审批流程

危险性较大的分部分项工程安全专项施工方案（简称"专项方案"），是指施工单位在编制施工组织（总）设计的基础上，针对危险性较大的分部分项工程单独编制的安全技术措施文件。具体审批流程见图1-2。

（2）需要专家论证的专项施工方案审批流程

需要专家论证的专项施工方案审批流程如图1-3所示。

图1-2　不需要专家论证的专项方案审批流程

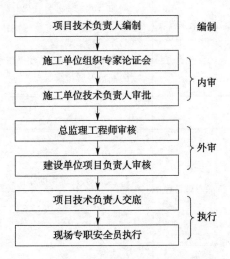

图1-3　需要专家论证的专项施工方案审批流程

【知识链接】

危险性较大的分部分项工程范围对照表　　　　表 1-1

序号	分类	危险性较大的分部分项工程范围（需编制专项施工方案）	超过一定规模的危险性较大的分部分项工程范围（需编制专项施工方案＋5人以上专家论证）
1	基坑支护降水、土方开挖	(1) 开挖深度超过3m(含3m)或虽未超过3m但地质条件和周边环境复杂的基坑(槽)支护、降水工程； (2) 开挖深度超过3m(含3m)的基坑(槽)的土方开挖工程	(1) 开挖深度超过5m(含5m)的基坑(槽)的土方开挖、支护、降水工程； (2) 开挖深度虽未超过5m，但地质条件、周围环境和地下管线复杂，或影响毗邻建筑(构筑)物安全的基坑(槽)的土方开挖、支护、降水
2	模板工程及支撑体系	(1) 各类工具式模板工程：包括大模板、滑模、爬模、飞模等； (2) 混凝土模板支撑工程：搭设高度5m及以上；搭设跨度10m及以上；施工总荷载10kN/m²及以上；集中线荷载15kN/m²及以上；高度大于支撑水平投影宽度且相对独立的混凝土模板支撑工程； (3) 承重支撑体系：用于钢结构安装等满堂支撑体系	(1) 工具式模板工程：包括滑模、爬模、飞模； (2) 混凝土模板支撑工程：搭设高度8m及以上；搭设跨度18m及以上；施工总荷载15kN/m²及以上；集中线荷载20kN/m²及以上； (3) 承重支撑体系：用于钢结构安装等满堂支撑体系，承受单点集中荷载700kg以上
3	起重吊装及安装拆卸工程	(1) 采用非常规起重设备、方法，且单件起吊重量在10kN及以上的起重吊装工程； (2) 采用起重机械进行安装的工程； (3) 起重机械设备自身的安装、拆卸	(1) 采用非常规起重设备、方法，且单件起吊重量在100kN及以上的起重吊装工程； (2) 起重量300kN及以上的起重设备安装高度200m及以上内爬起重设备的拆除
4	脚手架工程	(1) 搭设高度24m及以上的落地式钢管脚手架； (2) 附着式整体和分片提升脚手架； (3) 悬挑式脚手架； (4) 吊篮脚手架； (5) 自制卸料平台、移动操作平台； (6) 新型及异型脚手架	(1) 搭设高度50m及以上落地式钢管脚手架； (2) 提升高度150m及以上附着式整体和分片提升脚手架； (3) 架体高度20m及以上悬挑式脚手架
5	拆除爆破工程	(1) 建筑物、构筑物拆除； (2) 采用爆破拆除	(1) 采用爆破拆除的工程； (2) 码头、桥梁、高架、烟囱、水塔或拆除中容易引起有毒有害气(液)体或粉尘扩散、易燃易爆事故发生的特殊建、构筑物的拆除工程； (3) 可能影响行人、交通、电力设施、通信设施或其他建、构筑物安全的拆除工程； (4) 文物保护建筑、优秀历史建筑或历史文化风貌区控制范围的拆除工程

续上表

序号	分类	危险性较大的分部分项工程范围（需编制专项施工方案）	超过一定规模的危险性较大的分部分项工程范围（需编制专项施工方案+5人以上专家论证）
6	其他	（1）建筑幕墙安装工程； （2）钢结构、网架和索膜结构安装； （3）人工挖扩孔桩工程； （4）地下暗挖、顶管及水下作业工程； （5）预应力工程； （6）采用"四新"工程及尚无相关技术标准的危险性较大的分部分项	（1）施工高度50m及以上的建筑幕墙安装工程； （2）跨度大于36m及以上的钢结构安装工程；跨度大于60m及以上的网架和索膜结构安装； （3）开挖深度超过16m的人工挖扩孔桩工程； （4）地下暗挖工程、顶管工程、水下作业工程； （5）采用"四新"工程及尚无相关技术标准的危险性较大的分部分项工程

五、施工组织设计的贯彻

施工组织设计的编制仅仅是施工组织的一项技术准备工作，要真正实现其目标，更重要的是在实际施工中切实贯彻执行。

建筑施工的实践证明，用施工组织设计来指导施工，对于保证工期和工程质量、降低工程成本是卓有成效的。反之，凡是忽视施工的技术管理工作，不编制施工组织设计使得施工放任自流，或虽编制了计划却不贯彻执行的，或执行中不能根据客观因素的变化及时进行调整的，或编制得过于烦琐而脱离了实际的，或编制得过于粗略而起不了引导作用的，都会造成施工程序紊乱、资源失调、工期失控，质量、成本达不到规定的指标。因此，国家做出明确规定：凡是未编制施工组织设计的工程或已编制施工组织设计但未经审批的工程一律不许开工。

贯彻施工组织设计应重点做好以下几点：

1. 做好施工组织设计交底

经过审批的施工组织设计，在开工前应召开各级生产、技术会议，逐级进行交底，详细讲解其内容要求、施工关键和保证措施；责成生产计划部门，编制具体的实施计划；责成技术部门，拟订实施的技术细则。保证施工组织的顺利贯彻执行。

2. 制订有关贯彻施工组织设计的规章制度

经验证明，有了科学、健全的规章制度，施工组织设计才能顺利实施，企业正常生产秩序才能维持。因此，必须制订和健全各项规章制度。

3. 推行技术经济承包制

采用技术经济承包办法，把技术经济责任同职工的切身利益结合起来，便于相互监督和激励，这是贯彻施工组织设计的重要手段之一。如设立节约材料奖、技术进步和优良工程综合奖等，都是推行技术经济承包制的有效形式。

4. 统筹安排，综合平衡

工程开工后，要做好人力、物力和财力的统筹安排，保持合理的施工规模。这样既能保证施工顺利进行，又能带来好的经济效益。要通过月、旬作业计划，及时分析各种不平衡的因素，综合各种施工条件，不断进行各专业工种间的综合平衡，完善施工组织设计，保证施工的节奏性、均衡性和连续性。

学习任务五　施工组织设计的常见错误和装帧要求

> 1. 施工组织设计一般对文稿有哪些要求？
> 2. 如何防治施工组织设计编写时的一些通病？
> 3. 施工组织设计的装帧要求是什么？

一、施工组织设计的文稿要求

1. 文字

一般要求不能乱用不规范的简化字、自造字、别字、繁体字、网络语言通假字（如"零件"不能写成"另件"、"圆周"不能写为"园周"等），对于电脑打字容易出现的打字错误应加强检查，防止遗漏。

2. 数字

统计数字、各种计量（包括分数、倍数、百分数、约数）及图表编号等各种顺序号，一般均用阿拉伯数字。世纪、年、月、日和时刻亦采用阿拉伯数字，并一概用全称（如"1999年"不写作"九九年"或"99年"；"2015～2019年"不能写作"2015年～19年"；"20世纪90年代"不能写作"二十世纪九十年代"）。

3. 外文符号

代表纯数和标量的外文字母，一般写成斜体。用外文缩写表示的一些函数和算符，如三角函数 sin、cos 等计量单位符号；温标℃、K 等国标和部标代号，产品型号、零件及产品牌号，如钢筋牌号 HRB 等，外文人名、书名、地名及机关团体和各种缩写等一般用正体字。

全篇应采用统一的符号，力求避免两个相同概念采用同一符号，同一概念用不同符号表示。

4. 表格

表格应放在靠近相关正文的地方。每个表格必须有表名和表序号。表名居中填写，表序号写在表右角上。表序号可全篇统一编号，也可按篇、章、节编号，如表1-1、表2-3。表注写在表下。若表注为表中某个特定项目的说明，须采用"呼应注"。表内同一栏或行中的数据为同一单位时，单位应在表头内表示。表内数据对应位要对齐，数据暂缺时，应空出；不应填写数据时，应画一短横线。表内文字字号可比正文小一号，表内文字末尾不用标点。

5. 插图

插图应放在靠近相关正文的地方。插图应有图题和编号，图号和图题写在图下居中，字号可比正文小一号。图号可全篇统一编号，也可按篇、章、节编号，如图1-1××图、图2-3××图。几个图组成一个图号的图，尽可能不要大小悬殊，并应在各个图下用（a）、（b）、（c）标注。图和表的编号要统一，或统一按章排，或统一按整篇排。

插图的画法和尺寸符合的标注应符合有关制图标准。无规定的，应以通常习用的标注方式为准。

插入的照片，其主要部分必须突出，背景不要杂乱，主题轮廓必须突出，光线层次分明。同一篇施工组织设计的照片，最好尺寸大小和形式基本一致。

同一篇施工组织设计的插图风格、体例、名词、术语、字母、符号要前后统一，并且要与正文呼应。

二、施工组织设计编写通病的防治

1. 打字错误

这类错误最容易出现,因而更需要多遍检查纠正。读者(特别是评标人)看到这类错误时心中往往不舒服,对你整篇施工组织设计的印象马上降低,在评标打分时,很容易就给分低,严重的会影响到中标。解决这类错误唯一的办法是多遍仔细检查。

2. 物理单位方面

在正文描述中,若前面是中文数字则用中文,前面是阿拉伯数字则用英文。如在文中的"每㎡"应写成"每平方米",文中的"100 立方米"应写成"100m^3"。如果所说数字为具体数,则用阿拉伯数表示;所用数为概数,则用中文表示,如"100m""几十米""五六公里"等。

在用英文字母,特别是表达单位时,该大写的大写,该小写的小写,该用上标或下标的要用上下标,该用斜体的用斜体。如千米为"km",而不是"KM",平方米为"㎡"而不是"m2 或 M2",混凝土抗压强度是"fc"而不是"fC"。具体可以查阅国家法定的计量单位表。

3. 少用或不用行业专用字

尽量用"混凝土"而少用"砼"。若要用,也要全文统一,不要在同一篇施工组织设计中同时出现"混凝土"和"砼"。

三、施工组织设计的装帧要求

施工组织设计的装帧,体现出一本施工组织设计文件的整体风格,也体现了一个企业的文化传承和审美观点,展示着一个企业的素质。因此,对施工组织设计的装帧必须给予重视。一般应考虑以下问题:

1. 招标文件或相关规定的要求

与版式风格一样,在确定施工组织设计,特别是投标施工组织设计的装帧时,首先是要考虑符合招标文件和相关规定的要求。一定要满足这些要求,否则同样可能会成为废标。如果没有特殊要求,或者是编制标后施工组织设计,则可根据企业想展示的思想主题进行封面设计和装订。

2. 封面设计

封面设计应与企业的 CI 系统一致,体现自己企业的文化。对于投标施工组织设计有特殊要求必须隐去单位的,也可以在封面压缩、格式及图案等方面给予体现。同时,封面设计既要吸引人的目光,给人以美感,又不能太花哨,让人觉得华而不实。

3. 印刷

若施工组织设计对图片的要求较高,如装饰施工组织设计或园林施工组织设计,可部分或全部采用彩色印刷。对于一般施工组织设计,可以对一些特别的图片,如施工总平面图、网络图等采用彩色印刷以增强效果,而其他则采用普通印刷。

4. 装订

对于施工组织设计的装订,有两种途径。一是采用已经定制好的封面夹,对打印好的施工组织设计打孔或穿线与封面夹结合好就行,这种方法简单,成本低,但是很不整齐。另一种方法是直接进装订厂装订,这样出来的施工组织设计装订精美,切边整齐,会给人良好印象,在投标中将会占有额外优势。

学习情境二　施工部署与施工准备

【问题引入】
1. 为什么要做施工部署?
2. 施工部署与施工组织设计存在何种关系?
3. 施工准备应做哪些准备?

【知识目标】
1. 掌握施工部署的基本内容;
2. 熟悉施工方案;
3. 熟悉作业组织形式;
4. 了解施工现场临时设置布置的关键点;
5. 了解资源需求量编制的基本要求。

【知识链接】
施工方案是施工组织设计的核心。施工方案的主要内容包括技术方面(施工方法的制订、施工机械设备的选择)和组织方面(施工顺序的安排、流水施工的组织)。

学习任务一　施工方案部署

1. 施工方案的制订步骤是怎样的?
2. 确定施工方法应考虑哪些因素?
3. 机械应如何选定?

施工方案在不同的阶段,编制的内容、深度也不尽相同,如图 2-1 所示。施工方案的编制应由粗到细,由浅入深,不断完善。

(1)可行性研究中的施工方案是由设计单位或咨询单位负责编制,针对非常规的特殊工艺、新型技术、重要分部工程的关键技术方法的可行性进行论证。

(2)施工组织条件设计中的施工方案一般由设计单位负责编制,施工方案的内容主要从施工的角度说明工程设计的技术可行性与经济合理性。

(3)施工组织总设计的施工方案一般由总承包单位编制,包含重大单项工程的主要施工方案以及关键技术,可作为单位工程以及分部分项工程施工方案编制的依据。

(4)单位工程及分部分项施工组织设计的施工方案是由项目部负责编制的,比较具体详细,用来指导施工。

本书主要从单位工程施工组织设计中的施工方案,展开叙述。

一、施工方案的制订步骤

施工方案的制订过程如图 2-2 所示。

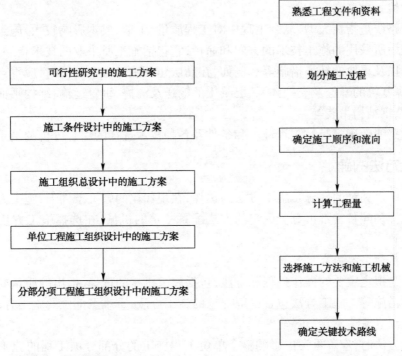

图 2-1　不同阶段对应的施工方案　　图 2-2　施工方案制订步骤流程

具体的制订步骤如下:

1. 熟悉工程文件和资料

制订方案前,应广泛收集工程有关文件和资料,包括政府的批文、业主的要求、设计图纸、定额、国家政策和法规、施工现场资料、其他技术和经济等方面的文件和资料。当缺乏某些技术参数时,应进行工程试验,以取得第一手资料。

2. 划分施工过程

划分施工过程是进行施工管理的基础工作。施工过程的划分应结合项目分解结构、工作分解结构进行。

3. 确定施工顺序和流向

施工顺序是指分部工程以及分项工程在时间上展开的先后顺序。施工流向是指施工活动在空间的展开与进程。对单层建筑要定出分段施工在平面上的流向;对多层建筑除了定出平面上的流向外,还要定出竖向方面(分层)施工的流向。施工顺序和流向的安排应符合施工的客观规律,同时,还应处理好各施工过程之间的相互关系。

4. 计算工程量

计算工程量应结合施工方案,按照施工定额或施工手册,并结合实际的经验资料来进行。

5. 选择施工方法和施工机械

施工方法和施工机械的选择直接影响施工进度、施工质量和安全以及工程成本。编制施工组织设计时,必须根据工程的建筑结构、抗震要求、工程量的大小、工期长短、资源供应情况、施工现场条件和周围环境,选择最佳施工方法和施工机械。

施工方法和施工机械的选择受建筑的结构形式和建筑特征的制约。一些大型工程,往往在结构设计阶段就要考虑施工方法,并根据施工方法确定结构计算模式。

6. 确定关键技术路线

关键技术路线是指在大型、复杂工程中对工程质量、工期、成本影响较大、施工难度又大的分部分项工程中所采用的施工技术的方向和途径,它包括施工所采取的技术指导思想、综合的系统施工方法以及重要的技术措施等。例如,在高层建筑施工方案制订时,应重点考虑如下关键技术问题:深基坑的开挖及支护体系、混凝土的输送及浇捣、垂直运输、结构平面复杂的模板体系、大型复杂钢结构吊装等。

关键技术路线的确定是对工程环境和条件及各种技术选择的综合分析的结果。

二、施工方法的确定

施工方案中最关键的部分是施工方法的选择,在现代化的施工条件下,施工方法的选择与施工机械的选择和配备密不可分。一定的方法配备一定的机械,在选择施工方法时应当与施工机械协调一致。

1. 施工方法的主要内容

施工方法是拟定主要的操作过程和方法,包括施工机械的选择、提出的质量要求和达到质量要求的安全措施等。施工方法包含一般部位的施工方法、重难点部位的施工方法。

2. 确定施工方法的重点

确定施工方法时,应着重考虑影响整个单位工程施工的分部分项工程的施工方法。如采用"四新"技术的、对本工程的施工质量起关键作用的、施工技术复杂的、危险性较大的分部分项或不熟悉的特殊结构工程等的施工方法,在施工方案中要详细说明施工方法和技术措施。而对于常规做法的分项工程则不必详细拟定施工方法。

3. 施工方法的选择原则

(1)方法可行,可以满足施工工艺要求;

(2)符合法律、法规、技术规范等要求;

(3)科学、先进、可行、合理;

(4)与选择的施工机械及流水组织相协调。

施工方法的确定取决于工程特点、工期要求、施工条件、质量要求等因素。所以,各种不同类型工程的施工方法有很大差异。对于同一分部分项工程,其施工方法也有多种可供选择。例如,机械开挖土方可以采用挖掘机、推土机开挖,也可采用铲运机开挖。例如,桩基础的施工,桩可以现浇,也可采用预制的方法。

三、施工机械的确定

施工机械对施工工艺、施工方法有直接的影响,施工机械化是现代化大生产的显著标志,对加快建设速度、提高工程质量、节约工程成本起着至关重要的作用。因此,机械的选择,成为施工方案的一个重要内容。

1. 大型机械设备的选择原则

在机械设备选择上,一般应以满足施工方法的需求为基本依据。在某种施工条件下,是以选择施工机械设备为主来确定施工方法的。大型施工机械设备的选择主要是选择施工机械的技术性能,并确定其类型和数量。在选择其型号时,要满足以下原则:

(1)满足施工技术的要求;

(2)有获得的可能性;

(3)技术先进、经济合理;

(4)通用型强。

2. 大型机械设备选择应考虑的因素

(1)应根据工程特点,选择适宜主导工程的施工机械,并与配套机械的生产能力协调一致。选择施工机械设备时,应根据工程特点,首先选择主导工程的机械,然后配备辅助机械,最后确定专用工具设备,以充分发挥主导机械的生产效率。例如,在土石方开挖工程中,一般情况下,挖装机械是主导机械,运输机械的生产能力应略大于挖装机械的生产能力,避免因运输机械不足而造成挖装机械停工。

(2)同一工地上的施工机械的型号和来源应尽可能少。在满足施工要求的前提下,同一类型的施工机械,其型号、生产厂家或生产国别应尽可能单一。型号越多,对维修人员、操作人员的要求也越高。同时,由于零部件通常不能互换,也增加了零部件备件的种类和数量。因此,在同样能满足工程施工要求的前提下,机械型号和来源应尽量少。

(3)应尽可能选择施工单位现有的机械。在选用施工机械时,应尽可能选择施工单位现有的机械,以减少资金的投入,充分发挥现有机械的效率。施工单位现有的机械若不能满足需要,则可考虑租赁或购买。

(4)高层建筑或结构复杂的建筑物(构筑物),其主体结构的垂直运输机械最佳方案往往是多种机械的组合。例如,塔式起重机和施工电梯;塔式起重机、混凝土泵和施工电梯;塔式起重机、快速提升机(或井架起重机)和施工电梯;井架起重机和施工电梯;井架起重机、快速提升机和施工电梯等。

3. 大型机械设备的选择确定

(1)类型的选择

选择工程所用施工机械类型时,必须进行技术经济比较,要求技术上可行(能满足工期和质量),经济上合理。

在进行技术经济比较时,不仅要对各种类型、型号的施工机械进行单独比较,更重要的是要对各种不同施工机械的组合方案进行技术性能和经济性进行比较,这样确定的方案才能获得最优的工程整体效益。在进行技术经济比较时,应确定合理的比较范围和方法,首要的环节是使各方案的条件等同化,力求达到四个方面的可比性要求,即使用价值可比性、相关费用可比性、时间因素可比性和计费价格可比性。

①使用价值可比性就是比较几个方案的使用价值。如果使用价值不同,则不能相比较。使用价值的主要内容有数量、质量、品种等。例如有两个混凝土吊罐,一个为 $6m^3$,一个为 $3m^3$,就不能直接比较两者的经济性,应把它们折算为每单位时间内每吊运 $1m^3$ 混凝土所对应的投资额或成本费用后才能相比较。

②相关费用可比性就是如何确定合理计算费用的范围。如果计算费用的范围不合理,就没有可比性。例如捶击沉桩或静力压桩方案,不仅要比较两种设备的购置费,还必须同时计算这些配套设备的购置费。

③时间因素可比性是考虑资金的时间价值,不同年份发生的费用不能直接作比较,必须折

算到同一年份才能比较。

④计费价格可比性,主要看不同方案所涉及的各种设备、材料、燃料、动力及劳务价格的计算数据在比较期内是否具有稳定性。

(2)数量的确定

各施工单位在确定机械数量时,可采用定额法、类比法或公式计算法。按定额计算所需机械数量一般偏多,按公式计算所得机械数量一般偏少。一般是先用定额进行计算,用公式法进行验算,并结合工程施工条件,用类比法协调两者之间的距离。

(3)编制机械运输量表

确定完机械设备的型号和数量后,便可编制机械设备运输量表。机械运输量表应根据标准层垂直运输量(如砖、砂浆、模板、钢筋、混凝土、预制件、门窗、水电材料、装饰材料、脚手架等)来编制。机械运输量表如表2-1所示。

机械运输量表　　　　　　表2-1

序　号	项　目	单　位	数　量		需要吊次
			工程量	每吊工程量	

学习任务二　施工组织与部署

1. 施工部署由哪几部分组成?
2. 如何确定施工流向?
3. 如何确定施工顺序?
4. 如何确定流水施工的参数?
5. 如何安排流水作业?

施工的组织与部署包括施工的空间部署、时间部署,流水施工的组织是对施工活动的时间、空间的统筹安排。

一、施工空间部署

施工空间部署是施工活动在空间的规划及安排,主要是平面的施工区域及流水段划分、竖向的施工层及验收阶段划分、高层建筑的立体交叉施工安排等。

1. 施工区段划分

(1)大型工业项目施工区段的划分

按照产品的生产工艺过程划分施工区段,一般有生产系统、辅助系统和附属生产系统。

【例2-1】多跨单层装配式工业厂房,其生产工艺的顺序如图2-3上罗马数字所示。

(2)大型公共项目施工区段的划分

大型公共项目按照其功能设施和使用要求来划分施工区段。例如:飞机场可以分为航站工程、飞行区工程、综合配套工程、货运食品工程、航油工程、导航通信工程等施工区段;火车站可以分为主站层、行李房、邮政转运、铁路路轨、站台、通信信号、人行隧道、公共广场等施工区段。

【例2-2】某铁路新客站共有8个项目,分二期施工,第一期南车站5个项目即1-5部分;第二期北车场3个项目,即6、7、8部分。为了保证老客站正常使用,采用南、北场错开施工,先建造南车场,17个月后再动工建造北车站。

南车场为五个施工区段(①～⑤),北车场分为三个施工段(⑥～⑧)。其编号为:①2号～5号站台;②南进厅;③F、G、H长廊;④东西出口厅;⑤1号站台;⑥6号～7号站台;⑦北进厅;⑧北出口厅。其平面如图2-4所示。

将各施工区段划分成若干个流水施工段。例如,将2号～5号站台划分成12个流水施工段,如图2-5所示。

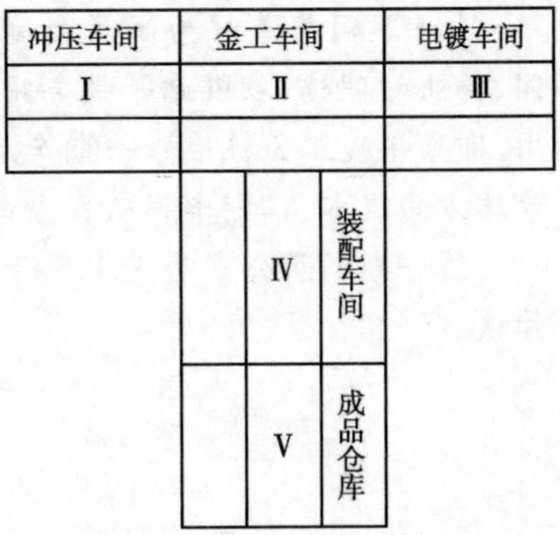

冲压车间	金工车间	电镀车间
Ⅰ	Ⅱ	Ⅲ
	Ⅳ	装配车间
	Ⅴ	成品仓库

图2-3 某车间施工区段划分

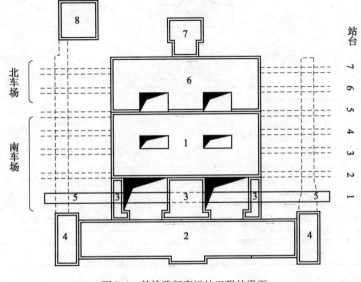

图2-4 某铁路新客运站工程的平面

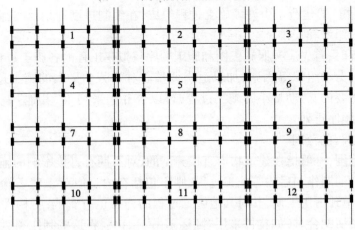

图2-5 流水施工段划分

(3)民用住宅及商业办公建筑施工区段的划分

民用住宅及商业办公建筑可按照其现场条件、建筑特点、交付时间及配套设施等情况划分施工区段。

【例2-3】某工程为高层公寓小区,由9栋高层公寓和地下车库、热力变电站、餐厅、幼儿园、物业管理楼、垃圾站等服务用房组成,如图2-6所示。按合同要求,9栋公寓分三期交付使用,即每年竣工3栋楼。一期车库从5号车库开始(为3号楼开工创造条件),分别向7号及1号库方向流水;二期车库从8号向11号方向流水。

第一期高层公寓为3,4,5号楼;第二期高层公寓为6,1,2号楼;第三期高层公寓为9,8,7号楼。

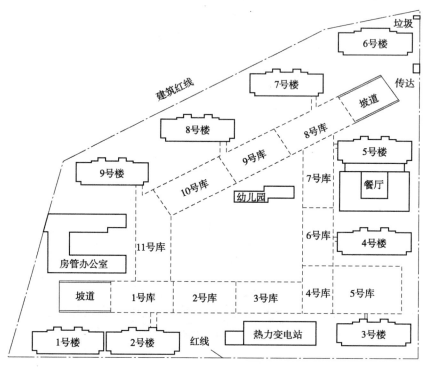

图2-6 某小区施工区段划分

2. 施工过程划分

建筑物(构筑物)的建造是由许多施工过程组成,在编制进度计划及实施施工时都要按划分的施工过程进行组织和安排。

划分施工过程时,首先应按照施工图和施工顺序将拟建工程的各施工过程列出,并结合施工方法、施工条件、劳动组织等因素,加以适当调整。对于劳动量大的施工过程,必须一一列出。对于那些不重要的、劳动量小的施工过程,可以合并起来列为"其他"一项。所有的施工过程,应按施工的顺序排列。

1) 划分施工过程的范围

施工过程的范围,一般指在建筑物上直接施工的、对工期有直接影响的施工过程,如砌筑、安装。而对于构件的制作和运输等施工过程,则不包括在内。但对于现场就地制作的钢筋混凝土构件,它不仅单独占用工期,其对其他施工过程的施工也有影响;若构件的运输需要与其他施工过程施工密切配合时(如构件采用"随运随吊"),仍需将这些制作和运输过程列入施工过程的范围。

2) 划分施工项目应注意的方面

(1) 施工项目划分的粗细程度。分项越细,项目越多。如砌筑三层砖墙施工过程,可以划分为一个施工过程,也可划分为四个施工过程(砌第一、二、三施工层墙,安装楼板)或六个施工过程(砌第一施工层的墙、搭设供第二施工层用的脚手架、砌第二施工层的墙、搭设供第三施工层用的脚手架、砌第三施工层的墙、安装楼板)。

(2)施工过程的划分要结合具体的施工方案。例如,装配式钢筋混凝土结构的安装工程,如采用分件吊装法时,则施工过程应按照构件(柱、基础梁、连系梁、屋面梁和屋面板等)来划分;若采用综合吊装法时,则施工过程应按吊装单元(节间)来划分。

(3)适当简化施工过程的内容,避免划分得过细、重点不突出。对于工程量较小或在同一时期内由同一施工队组完成的施工过程可以适当合并,如基础防潮层可以合并到基础砌筑项目中;门窗框安装可以合并在墙体砌筑项目中。而对于一些次要、零星的施工项目,如室内洗涤盆、拖布池、室外砖砌化粪池、隔油池等的施工,可以合并为"其他工程"。

(4)有技术间歇要求的施工过程必须单列,不能合并。如基础防潮层不能合并到一层墙体砌筑中;又如混凝土的养护虽然需要劳动量很少,但它要控制构件拆模时间,所以也必须单列。

3.确定施工起点和流向

确定施工起点和流向指在平面和空间上开始施工的部位及其流动的方向,这主要取决于生产需要、缩短工期和保证质量等要求。一般来说,对单层建筑物,只要按其跨间分区、分段地确定平面上的施工流向;对多层建筑物,除了确定每层平面上的施工流向外,还要确定其层间或单元空间上的施工流向。

施工流向的确定,牵涉一系列施工过程的开展和进程,是组织施工的重要环节。应考虑以下几个因素:

(1)生产工艺或使用要求。这往往是确定施工流向的基本因素。一般,生产工艺上影响其他工段试车投产的或生产使用上要求急的工段部分,先安排施工。例如:工业厂房内要求先试生产的工段应先施工;高层宾馆、饭店等可以在主体结构施工到相当层数后,便进行地面上若干层的设备安装与室内外装修。

(2)考虑单位工程的繁简程度。一般说来,技术复杂、施工进度较慢、工期较长的工段或部位,应先施工。

(3)房屋高低层或高低跨。柱的吊装应从高低跨并列处开始;屋面防水层施工应按先高后低的方向施工,同一屋面则由檐口向屋脊方向施工;基础有深、浅时,应按先深后浅的顺序施工。

(4)考虑工程施工的现场条件和施工方案。施工场地的大小、道路布置和施工方案中采用的施工机械等也都是确定施工流向的主要因素。如土方工程,一边开挖一边进行余土外运,施工的起点一般应选在离道路远的位置,按从远而近的流向进行施工。

(5)选用的施工机械。根据工程条件,挖土机械可选用正铲、反铲、抓铲等,吊装机械可选用履带吊、汽车吊、塔吊等,这些机械的开行路线或布置位置便决定了基础挖土及结构吊装的施工起点和流向。

(6)分部分项工程的特点和相互关系。如室内装修工程除平面上的起点和流向以外,在竖向上还要决定其流向,而竖向的流向确定显得更重要。如果前导施工过程的起点流向确定,则后续施工过程也随之而定。如单层工业厂房的挖土工程的起点流向决定柱基础施工过程和某些预制、吊装施工过程的起点流向。

(7)施工组织的分层、分段。划分施工层、施工段的部位,如伸缩缝、沉降缝、施工缝等,也可决定施工起点流向。

4. 施工顺序的确定

施工顺序是指分部分项工程施工的先后次序。施工顺序具有一定的规律性,在工程施工中,要认真研究和分析施工顺序的基本因素,制订出最佳的施工顺序。施工顺序既要考虑技术和工艺方面的要求,也要考虑组织安排和资源调配方面的因素。

1)确定施工顺序的原则

(1)先地下,后地上。指在地上工程开工之前,把各种管道、线路(临时的或永久的)等地下设施、土方工程和基础工程全部完成或基本完成后,再进行地上工程的施工,以免造成返工或对地上工程施工的干扰,使施工不便,造成经济浪费,影响工程质量。但"逆作法"施工除外。

(2)先主体,后围护。主要是指框架结构和排架结构的建筑中,应先进行主体结构的施工后完成围护结构的施工。为了加快施工进度,高层建筑中围护结构与主体结构搭接施工的情况较普遍,以有效地节约时间、缩短工期。

(3)先结构,后装修。先结构后装修指的是先进行主体结构施工,再进行装饰装修工程的施工。但有时为了缩短工期,也有结构工程先施工一段时间后,装修工程随后搭接进行施工。如有些临街工程,在上部主体结构施工的同时,下部一层或数层即进行装修,使其能尽早开门营业。

(4)先土建,后设备。指土建施工应先于水、暖、电、卫等建筑设备的施工。但它们之间更多的是穿插配合关系,尤其在装修阶段,要从保证施工质量、降低成本的角度,处理好相互之间的关系。

以上原则并不是一成不变的,在特殊情况下,如在冬期施工之前,应尽可能完成土建和围护工程,以利于施工中的防寒和室内作业的开展,从而达到改善工人的劳动环境、缩短工期的目的。

2)确定施工顺序的基本要求

(1)必须符合施工工艺的要求,即符合各施工过程之间的工艺顺序关系。例如在桩基础施工中,钻孔后要尽快地灌注混凝土,以防止塌孔,所以两道工序必须紧密衔接。

(2)必须与施工方法、施工机械一致。如单层工业厂房工程的施工顺序,若采用分件吊装法,施工顺序为吊柱、吊梁、吊屋盖系统;若采用综合吊装法,施工顺序为第一节间吊柱、梁和屋盖;第二节间吊柱、梁和屋盖……最后节间吊柱、梁和屋盖。

(3)必须符合施工工期的要求。合理的施工顺序与施工工期有较密切的关系,施工工期会影响施工顺序的确定。有些项目工期要求紧,为了赶工期,施工方法、施工顺序有可能就会产生较大的变化,如逆作法施工。一般情况下,满足施工工艺条件的方案可能有多个,因此应通过对方案的对比、分析,来选择经济合理的施工顺序。

(4)必须考虑关键工程、重点工程、控制工程的合理施工顺序。例如,建筑工程的主体结构如不按期完工,可能导致其他工程不能施工(如门窗无法安装、屋面工程、建筑装饰装修等没办法进行)。所以,要集中力量、重点控制、重点安排。

(5)必须遵从组织施工过程的基本原则,即符合施工过程的连续性、协调性、均衡性、经济性原则。如安排室内外装饰工程的施工顺序时,由于存在多种施工顺序,这时便可按施工组织规定的先后顺序施工。

(6)必须考虑施工完全和质量的要求。在安排施工顺序时,要以确保施工质量为前提条件,如果有影响工程质量问题,要重新安排或者采取必要的技术措施保证工程质量。如屋面采用油毡防水层施工时,外墙装饰一般安排在其后进行;为了保证质量,楼梯抹面最好安排在上一层的装饰工程全部完成之后进行。

(7)必须考虑水文、地质、气候的影响。在安排施工顺序时,要充分考虑洪水、雨季、冬季、季风、不良地质地段等因素的影响。例如:基础工程的施工一般应安排在雨季到来之前或雨季结束之后;冬季室内施工时,先安装玻璃,后做其他装修工程。

3)常见的施工顺序

(1)总的施工顺序。一般工业和民用建筑总的施工顺序为基础→主体工程→屋面防水工程→装饰装修工程。

(2)地下工程施工顺序。地下工程是指室内地坪(± 0.000)以下所有的工程。

浅基础的施工顺序为清除地下障碍物→软弱地基处理(需要时)→挖土→垫层→砌筑(或浇筑)基础→回填土。其中基础常用砖基础和钢筋混凝土基础。砖基础的砌筑中有时要穿插地圈梁的浇筑。钢筋混凝土基础则包括支模板→绑扎钢筋→浇筑混凝土→养护→拆模。如果基础开挖深度较大,地下水位高,则在挖土前应先进行基坑(槽)的支护及降水工作。

预制桩基础的施工顺序为测量放线→压桩→挖基槽、基坑→承台、基础梁垫层→绑承台、基础梁钢筋→支承台、基础梁模板→浇承台、基础梁混凝土→养护→拆承台、基础梁模板→回填。承台的施工顺序类似钢筋混凝土浅基础。

(3)主体结构。常见的主体结构形式有混合结构、装配式钢筋混凝土结构(单层厂房居多)、现浇钢筋混凝土结构(框架、剪力墙、筒体)等。

混合结构的主导工程是砌墙和安装楼板。混合结构标准层的施工顺序为弹线→砌筑墙体→浇过梁、圈梁、抗震柱→板底找平→安装楼板(浇筑楼板)。

装配式钢筋混凝土单层工业厂房的施工可分为基础工程、预制工程、结构安装工程、围护工程和装饰工程五个施工阶段,其主导工程是结构安装。结构安装前,要先预制柱和屋架,等预制构件达到设计要求的强度后便可进行吊装。结构吊装可以采用分件吊装法或综合吊装法,但基本安装顺序都是相同的,即吊装柱→吊装基础梁、连系梁→吊车梁等,扶直屋架→吊装屋架、天窗架、屋面板。支撑系统穿插在其中进行。

现浇框架、剪力墙、筒体等结构的主导工程均是现浇钢筋混凝土。标准层的施工顺序为弹线→绑扎柱(墙)体钢筋→支柱(墙)模板→浇筑柱(墙)混凝土→拆除柱(墙)模→搭设梁、板模板→绑扎梁、板钢筋→浇梁、板混凝土→养护→拆模→支楼梯模板→绑扎楼梯钢筋→浇楼梯混凝土→养护→拆模。其中柱(墙)的钢筋绑扎在支模之前完成,而梁、板的钢筋绑扎则在支模之后进行。此外,施工中还应考虑技术间歇。

(4)装饰装修工程。一般的装饰装修包括抹灰、饰面、喷浆、吊顶、玻璃安装、油漆、涂料等,其中抹灰是主导工程。装饰工程没有严格一定的顺序,同一楼层内的施工顺序一般为地面→天棚→墙面,也可采用天棚→墙面→地面的顺序。又如内、外装饰施工,两者相互干扰很小,可以先外后内,也可先内后外,或者两者同时进行。

(5)屋面工程。屋面工程包括屋面找平、屋面防水层、保温层等,其中屋面防水层是主导工程。卷材屋面防水层施工顺序为铺保温层(如有需要)→铺找平层→刷冷底子油→铺卷材→撒绿豆砂。屋面工程在主体结构完成后开始,并应尽快完成,为顺利进行室内装饰工程创造条件。

二、施工时间部署

施工时间部署是施工活动在时间方面的规划及安排,主要是根据工程特点及工程量确定各施工阶段的节点时间、安排季节性施工任务、制订施工控制进度计划等。其中的重点是确定劳动量和机械台班数量,以及施工持续时间的计算。

1. 计算工程量

计算工程量应按照施工定额、施工手册,并结合实际的经验资料进行计算。计算工程量时应注意以下几个问题:

(1) 工程量计算单位应该与采用的施工定额中相应项目的单位相一致,以便计算劳动量及材料需要量时可直接套用定额,不必进行换算。

(2) 工程量计算应符合所选定的施工方法和安全技术要求,以使计算所得到的工程量与实际施工情况相符合。例如计算土方开挖量时,应考虑基础施工工作面、放坡及支撑要求;还要考虑基础开挖方式是单独开挖、条形开挖还是大开挖,这些都直接影响工程量的计算结果。

(3) 按照施工组织的要求,分区、分段、分层计算工程量,以便组织流水作业。若每层、每段的工程量相等或相差不大时,可根据工作量总数分别除以层数、段数,以得到每层、每段上的工程量。

(4) 应合理利用预算文件中的工程量,以避免重复计算。施工进度计划中的工程量,大多可以直接采用预算文件中的工程量,可以按施工过程的划分情况将预算文件中有关项目的工程量汇总得到。如"砌筑砖墙"一项的工程量,可以首先分析它包括哪些内容,然后按其所包含的内容从预算的工程量中抄出并汇总求得。如果某些分部分项与预算完全不同或局部有出入(如计量单位、计算规则、采用定额不同)时,则应根据施工中的实际情况加以修改、调整或重新计算。

2. 确定劳动量和机械台班数量

劳动量和机械台班数量应根据施工方案,结合施工进度计划,计算各分部分项工程的工程量;然后根据现行施工定额,计算各分项工程的劳动量或机械台班量。

1) 基本计算公式

$$P = \frac{Q}{S} \tag{2-1}$$

$$P = QH \tag{2-2}$$

式中:P——完成某施工过程所需的劳动量(工日)或机械台班数量(台班);

Q——某施工过程的工程量;

S——某施工过程的产量定额;

H——某施工过程的时间定额。

【例2-4】已知某单层工业厂房的柱基坑土方量为3240m³,采用人工挖土,每工产量定额为3.9m³/工日,则完成挖基坑所需要的劳动量为:

$$P = \frac{Q}{S} = \frac{3240}{3.9} = 830.769(\text{工日})$$

若已知时间定额为0.256工日/m³,则完成挖基坑所需要的劳动量为:

$$P = Q \cdot H = 3240 \times 0.256 = 829.44(\text{工日})$$

2) 特殊情况的处理

(1) 当施工项目为合并项目时,各子项目的施工定额不同,可用其定额的加权平均值来确定其劳动量或机械台班数。加权平均产量定额的计算公式:

$$\overline{S_i} = \frac{\sum\limits_{i=1}^{n} Q_i}{\sum\limits_{i=1}^{n} P_i} \tag{2-3}$$

式中： $\overline{S_i}$ ——某施工过程的加权平均产量定额；

$$\sum_{i=1}^{n} Q_i = Q_1 + Q_2 + Q_3 + \cdots + Q_n (总工程量)$$

$$\sum_{i=1}^{n} P_i = \frac{Q_1}{S_1} + \frac{Q_2}{S_2} + \frac{Q_3}{S_3} + \cdots + \frac{Q_n}{S_n} (总劳动量)$$

Q_1、Q_2、Q_3、$\cdots$、Q_n——由同一工种完成,但产量定额不同的子项目的工程量；

S_1、S_2、S_3、$\cdots$、S_n——与上述子项目相对应的产量定额。

【例2-5】某学校的教学楼。其外墙抹灰装饰分为干粘石、贴饰面砖、剁斧石三种施工做法,其工程量分别是 684.5m²、428.7m²、208.3m²；所采用的产量定额分别是 4.17m²/工日、2.53m²/工日、1.53m²/工日。则加权平均产量定额为：

$$\overline{S} = \frac{Q_1 + Q_2 + Q_3}{\frac{Q_1}{S_1} + \frac{Q_2}{S_2} + \frac{Q_3}{S_3}} = \frac{684.5 + 428.7 + 208.3}{\frac{684.5}{4.17} + \frac{428.7}{2.53} + \frac{208.3}{1.53}} = 2.81 (m^2/工日)$$

(2)对于有些采用新技术、新材料、新工艺和特殊施工方法的施工项目,其定额在施工定额手册中未列,可用参考类似项目和实测的办法确定。

(3)对于"其他工程"项目所需劳动量,可根据其内容和数量,并结合施工现场的具体情况,以占总劳动量的百分比(一般为10%~20%)计算。

(4)水、暖、电、卫设备安装工程项目,一般不计算劳动量和机械台班需用量,只安排与一般土建单位工程配合的进度。

3)机械施工过程劳动量的计算

对于机械完成的施工过程计算出台班量后,还应根据配合机械作业的人数计算出劳动量。

3. 确定施工持续时间

施工项目的施工持续时间的计算方法一般有经验估计法、定额计算法和倒排计算法。

1)定额计算法

这种方法就是根据施工过程需要的劳动量和机械台班量,以及配备的工人人数和机械台数,确定其工作的持续时间。其计算公式是:

$$t = \frac{Q}{RSZ} = \frac{P}{RZ} \tag{2-4}$$

式中：t——施工过程施工持续时间(小时、天、周)；

Q——施工过程的工程量；

R——该施工过程配备的施工人数或机械台数；

S——产量定额；

P——施工过程的劳动量；

Z——每天工作班制。

【例2-6】某工程砌筑砖墙,需要总劳动量110工日,一班制工作,每天出勤人数为22人(其中瓦工10人,普工12人),则其持续时间为:

$$t = \frac{P}{RZ} = \frac{110}{22 \times 1} = 5(天)$$

在安排每班工人数和机械台数时,应综合考虑各施工过程的工人班组中的每个技术工人和每台机械都应有足够的工作面(不能少于最小工作面),以发挥效率并保证施工安全;还应考虑各施工过程在进行正常施工时所必需的最低限度的工人班组人数及其合理组合(不能小于最小劳动组合),以达到最高的劳动生产率。

2)经验估计法

对于采用新工艺、新技术、新材料的施工过程,没有合适的定额数据,则可根据过去的施工经验并按照实际的施工条件来估算施工过程的施工持续时间。为了提高估计的准确程度,往往采用"三时估计法",即先估计出该施工过程的最长、最短和最可能的三种施工持续时间,然后据以求出期望的施工持续时间作为该施工过程的施工顺序时间。其计算公式为:

$$t = \frac{A + 4B + C}{6} \tag{2-5}$$

式中:t——施工过程施工持续时间;
A——最短的施工持续时间;
B——最可能的施工持续时间;
C——最长的施工持续时间。

3)倒排计划法

当工程总工期比较紧张时,可以采用倒排计划法。首先根据规定的总工期和施工经验,确定各分部分项工程的施工持续时间,然后再确定各分部分项工程需要的劳动量和机械台班量,确定每一分部分项工程每个工作班组所需要的工人人数和机械台数,此时可将公式(2-4)变化为:

$$R = \frac{P}{tZ} \tag{2-6}$$

式中参数意义同上。

【例2-7】某单位工程的土方工程采用机械化施工,需要87个台班,当工期为11天时,所需挖土机的台班数:

$$R = \frac{P}{tZ} = \frac{87}{11 \times 1} = 7.909 \approx 8(台班)$$

按上述方法计算出施工人数及施工机械台数后,还应验算是否满足最小工作面的要求,以及施工单位现有的人力、机械数量是否满足需要。

确定施工持续时间,通常先按一班制考虑,如果每天所需要的机械台数和工人人数已经超过了施工单位现有人力、物力和工作面限制,则根据具体情况和条件从技术和施工组织上采取积极有效的措施。如增加工作班次、最大限度地组织立体交叉平行流水施工、加早强剂提高混凝土的早期强度等。

4.施工作业的组织方式

建筑工程组织施工的基本方式有顺序施工、平行施工和流水施工三种,这三种方式各有特点,适用的范围各异。下面通过【例2-8】对三种施工方式做简单比较。

【例2-8】有三栋同类型建筑的基础工程施工,每一栋的施工过程和工作时间如表2-2所示,施工顺序为 A→B→C→D,每个工作队的作业人数均为8人。不考虑资源条件的限制,试组织此基础施工。

某基础工程施工资料 表2-2

序号	施工过程	工作时间(d)	序号	施工过程	工作时间(d)
1	开挖基坑(A)	3	3	基础(C)	3
2	垫层(B)	2	4	回填土(D)	2

1)顺序施工组织方式

顺序施工又称依次施工,是将工程对象任务分解为若干个施工过程,按照一定的施工顺序,前一个施工过程完成后,下一个施工过程才开始;或前一个施工段全部完成后,后一个施工段才开始施工。它是一种最基本、最原始的施工组织方式。其施工进度安排表如图2-7~图2-10所示。由图可知,顺序施工工期为30d,每天有一个作业队伍(8人)施工,劳动力投入较少,其他资源投入强度不大。

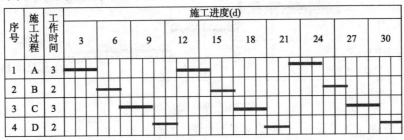

图2-7 按栋(施工段)顺序施工

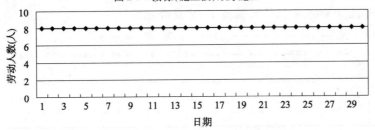

图2-8 按栋(施工段)顺序施工劳动力分布曲线图

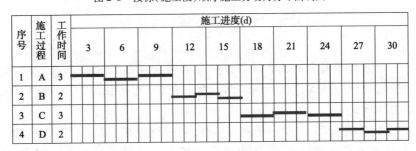

图2-9 按施工过程顺序施工

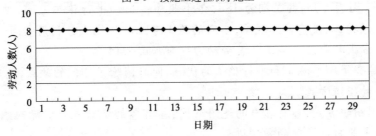

图2-10 按施工过程顺序施工劳动力分布曲线图

顺序施工方式在单位时间里投入资源较少,现场管理简单;但劳动生产低,工期较长。单纯的依次施工只在工程规模小或工作面有限而无法全面的展开工作时使用。

2) 平行施工组织方式

平行施工组织方式是全部工程任务的各施工段同时开工、同时完成的一种施工组织方式。【例2-8】中,三栋建筑基础施工,每个施工过程组织三个相应的专业队伍,同时施工齐头并进,同时完工。按照这样的方式组织施工,其具体安排如图2-11所示,由图可知工期为10d,每天均有三个队伍,24人作业,劳动力投入大,这样组织施工的方式就是平行施工。

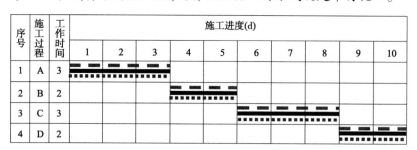

图2-11 平行施工安排

平行施工的特点是最大限度地利用了工作面,工期最短;但在同一时间内需提供的劳动资源成倍增加(图2-12),这给实际施工管理带来一定难度。因此,只有在工程规模较大或工期较紧,在各方面的资源供应有保障的前提下,才是合理的。

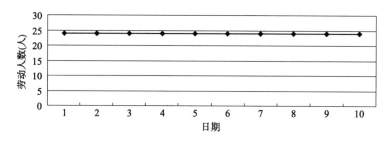

图2-12 平行施工劳动分布曲线图

3) 流水施工组织方式

流水施工组织方式指所有的施工过程按一定的时间间隔依次投入施工,各个施工过程陆续开工、陆续完工,使统一施工过程的施工队组保持连续、均衡施工,不同的施工过程尽可能平行搭接施工的组织方式。

【例2-8】中,如开挖基坑,组织一个挖土队伍,第一栋挖完,继续挖第二栋,第二栋挖完,继续挖第三栋,保证作业队伍连续施工,不出现窝工现象。按照这种方式组织施工,其具体安排如图2-13所示。由图可知,其工期为18d,介于顺序施工和平行施工之间,每一专业队伍(每队8人)都能连续施工,没有窝工现象,不同的施工专业队伍能充分利用空间(工作面)平行施工,这样的施工方式就是流水施工。其劳动力分布如图2-14所示。

流水施工综合了顺序施工和平行施工的优点,同时消除了它们的缺点,是建筑施工中最合理、最科学的一种组织方式。

这三种施工组织方式,各有各自的适用范围,各有各的优缺点。实际组织施工时,应根据现场特点、施工企业自身情况的来安排。

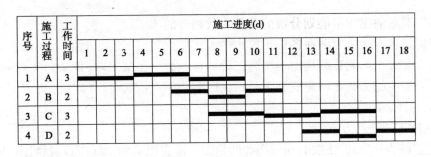

图 2-13 流水施工

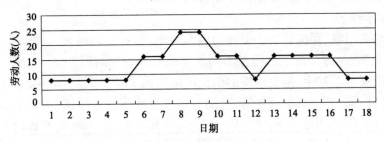

图 2-14 劳动力分布曲线图(流水施工)

(4)三种施工组织方式的比较

由上可知,顺序施工、平行施工和流水施工是组织施工的三种基本方式,其特点及适用的范围不尽相同,三者的比较见表 2-3。

三种施工组织方式比较　　　　表 2-3

方式	工期	资源投入	评价	适用范围
顺序施工	最长	投入强度低	劳动力投入少,资源投入不集中,有利于组织工作。现场管理工作相对简单,可能会产生窝工现象	规模较小,工作面有限的工程适用
平行施工	最短	投入强度最大	资源投入集中,现场组织管理复杂,不能实现专业化生产	工期紧迫,资源有充分的保证及工作面允许情况下可采用
流水施工	较短	投入连续均衡	结合了顺序施工与平行施工的优点,作业队伍连续、均衡,充分利用工作面	一般项目均可适用

三、施工组织方式

1. 流水施工的基本方法

流水施工是将拟建工程项目的全部建造过程,在工艺上分解为若干个施工过程,在平面上划分为若干个施工段,在竖向上划分为若干个施工层,然后按照施工过程组建专业工作队(组),并使其按照规定的顺序,依次、连续地投入各施工段,完成各个施工过程。

流水施工的实质是在时间和空间上连续作业,组织均衡施工(同时隐含有工艺逻辑关系和组织逻辑关系的要求)。

1)组织流水施工的条件

(1)施工对象的建造过程应能分成若干个施工过程,每个施工过程能分别由专业施工队负责完成。

(2)施工对象的工程量能划分成劳动量大致相等的施工段(区)。

(3)能确定各专业施工队在各施工段内的工作持续时间(流水节拍)。

(4)各专业施工队能连续地由一个施工段转移到另一个施工段,直至完成同类工作。

(5)不同专业施工队之间完成施工过程的时间应适度搭接、保证连续(确定流水步距),这是流水施工的显著的特点。

2)流水施工的表达方式

流水施工的表达方式,主要有横道图和网络图。横道图又称横线图或甘特图(Gantt chart),是建筑工程中常用的表达方法,横道图主要有两种。

(1)水平指示图表

水平指示图表由纵、横坐标两个方向的内容组成,表的横坐标表示持续时间,纵坐标表示施工过程,"横道"表示每个施工过程在不同施工段上的持续时间和进展情况,"横道"上方的标号表示施工段编号。其中,施工进度的单位可根据施工项目的具体情况和图表的应用范围来确定,可以是日、周、月、旬、季或年等,日期可以按自然数的顺序排列,还可以采用奇数或偶数的顺序排列,也可以采用扩大的单位数来表示,比如以 5d 或 10d 为基数进行编排,以简洁、清晰为标准。水平图表具有绘制简单,形象直观的特点。水平指示图表如图 2-13 所示。

(2)垂直指示图表

其横坐标表示持续时间,纵坐标(由下往上)表示施工段,斜线表示每个段完成各道工序的持续时间以及进展情况,垂直指示图表可以直观地从施工段的角度反映出各施工过程的先后顺序以及时空状况。通过比较各条斜线的斜率可以反映出各施工过程的施工速度快慢。

垂直指示图表的实际应用不及水平图表普遍。垂直指示图表实例如图 2-15 所示(图表中的Ⅰ、Ⅱ、Ⅲ为栋数)。

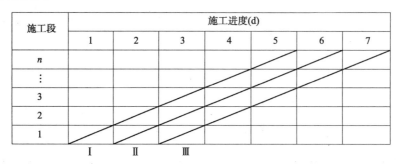

图 2-15 垂直指示图表

3)流水施工的分类

流水施工的分类是组织流水施工的基础,其分类方法是按不同的流水特征进行划分的。

(1)按流水施工的组织范围划分。

①分项工程流水施工。分项工程流水施工也称为细部流水施工,指在分项工程或专业工种内部组织起来的流水施工。由一个专业施工班组,依次在各个施工段上进行流水作业。例如,钢筋筑混凝土施工过程的流水施工是组织流水施工的基本单元。

②分部工程流水施工。分部工程流水施工也称为专业流水施工,指在分部工程内部各分项工程之间组织起来的流水施工,如主体工程的流水施工、装饰工程的流水施工。分部工程流水施工是组织单位工程流水施工的基础。

③单位工程流水施工。单位工程流水施工也称为综合流水施工,指在单位工程内部各分

部工程之间组织起来的流水施工。如一栋教学楼,一个厂房车间,一座纪念碑等的流水施工。

④群体工程流水施工。群体工程流水施工也称为大流水施工,指在群体工程中各单项工程或单位工程之间的流水施工。

(2)按照流水施工的节奏特征划分。根据流水施工的节奏特征,流水施工可划分为有节奏流水施工和无节奏流水施工,其中,有节奏流水又可分为等节奏流水和异节奏流水,具体见后文内容。

2.流水施工的基本参数

流水施工的基本参数见表2-4。

流水施工基本参数 表2-4

序号	类别	基本参数	代号	说　　明
1	工艺参数	施工过程数	n	施工过程数是指一组流水的施工过程的个数
		流水强度	V_i	表示某一施工过程单位时间内所完成的工程量
2	空间参数	工作面		工作面是指安排专业工人进行操作或者布置机械设备进行施工所需的活动空间
		施工段	m	将施工对象在平面上划分为若干个劳动量大致相等的施工区段,这些施工区段称为施工段
		施工层	r	为满足专业工种对操作高度的要求,通常将施工项目在竖向上划分为若干个作业层,这些作业层均称为施工层
3	时间参数	流水节拍	t_i	指在组织流水施工时,各个专业班组在每个施工段上完成施工任务所需要的工作持续时间
		流水步距	$K_{i,i+1}$	流水步距是指两相邻施工过程进入同一施工段开始施工的时间间隔
		技术间歇时间	$Z_{i,i+1}$	考虑技术因素在相邻施工过程规定的流水步距以外增加的时间间隔
		组织间歇时间	$G_{i,i+1}$	考虑组织因素在相邻施工过程规定的流水步距以外增加的时间间隔
		搭接时间	$C_{i,i+1}$	考虑某些因素,在可能的情况下,后续施工过程在规定的流水步距以内提前进入该施工的提前时间
		流水工期	T	流水施工工期是指从第一个专业工作队投入流水施工开始,到最后一个专业工作队完成流水施工为止的整个持续时间

1)工艺参数

在组织流水施工时,用以表达流水施工在施工工艺上开展顺序及其特征的参数,称为工艺参数。通常,工艺参数包括施工过程数和流水强度两种。

(1)施工过程数。施工过程数是指一组流水的施工过程的个数,一般用符号"n"表示。施工过程数取决于施工过程的划分数目。

(2)流水强度。流水强度是指某一施工过程单位时间内所完成的工程量,一般用V_i表示。包括机械施工过程的流水强度和人工施工过程的流水强度。

$$V_i = \sum_{i=1}^{x} R_i S_i \tag{2-7}$$

式中:V_i——某机械的流水强度;

R_i——某种施工机械台数;

S_i——施工机械台班产量定额;

x——同一过程的主导机械总数。

$$V_i = R_i S_i \tag{2-8}$$

式中：V_i——某施工过程的人工操作流水强度；

R_i——投入施工过程的专业工作队工人数；

S_i——投入施工过程的专业工作队平均产量定额。

2）空间参数

在流水施工时，用以表达流水施工在空间布置上所处状态的参数，称为空间参数。空间参数主要有工作面、施工段和施工层。

(1)施工层。施工层是指为满足竖向流水施工的需要，在建筑物垂直方向上划分的施工区段，通常用"r"表示。施工层的划分视工程对象的具体情况而定，一般情况下，以建筑的结构层为施工层。施工层的划分要根据建筑物的楼层高度来确定，如砌砖墙的施工层高为1.2m，室内抹灰、油漆、玻璃和水电安装等可按楼层进行施工层划分。

(2)施工段。组织流水施工时，将施工对象在平面上划分为若干个劳动量大致相等的施工区段，称为施工段，用"m"来表示。

当施工对象既分层又分段时，为使各施工班组能连续施工，因而每层最少施工段数目 m_0 必须满足以下关系：

$$m_0 \geq n$$

当 $m_0 = n$ 时，各施工班组能连续施工，施工段也没有空闲停歇，是比较理想的组织方式；

当 $m_0 > n$ 时，施工班组能连续工作，但施工段有空闲停歇，可不一定是坏事；

当 $m_0 < n$ 时，虽施工段无空闲停歇，但施工班组不能连续工作。

若施工对象无层间关系或不分层，则不受此限制。

施工段有空闲停歇，一般会影响工期，但在空闲的工作面上如能安排一些准备或辅助工作，则会使后续工作顺利进行，也不一定有害。而工作班组不连续则是不可取的，除非能将窝工的工作班组转移到其他工地进行工地间的大流水。

当某些施工过程有间歇时间时，必须在满足 $m_0 \geq n$ 的前提下，计算每层施工段数的最小值：

$$m_{\min} = n + \frac{\sum Z_1 + \sum Z_2 + \sum G_1}{K} \tag{2-9}$$

式中：$m_{\min}$——每层施工段数的最小值；

n——施工过程数；

Z_1——楼层内的施工技术间歇时间；

Z_2——楼层间的施工技术、组织间歇时间；

G_1——楼层内的施工组织间歇时间；

K——流水步距。

(3)工作面。工作面又称为工作线，是指在施工对象上可能安置的操作工人的人数或布置施工机械的空间大小。它用来反映施工过程中（工人操作、机械布置）在空间上布置的可能性。

3）时间参数

(1)流水节拍。流水节拍是指每个专业班(组)在各个施工段上完成相应的施工任务所需要的工作延续时间，通常用 t_i 表示($i = 1,2,3,\cdots,n$)。

流水节拍与施工班组的人数有关。施工班组的人数应满足最小劳动组合和最小工作面的要求。即最小劳动组合对应最小班组人数和最大流水节拍;最小工作面对应最大班组人数和最小流水节拍;流水节拍与工作班制有关,对于确定的流水节拍采用不同的班制其所需班组人数不同,相反亦如此;流水节拍还受各种材料、构件等施工现场堆放量、供应能力及有关条件的制约。节拍值一般取整,也可保留 0.5d 的小数值。

(2)流水步距 $K_{i,i+1}$。流水步距是指两相邻施工过程进入同一施工段开始施工的时间间隔。流水步距的个数 = 施工过程数 $-1 = n - 1$。

如某钢筋混凝土工程,有支模板、绑扎钢筋、浇筑混凝土三道工序,即施工过程数为 3,则支模板与绑扎钢筋之间、绑扎钢筋与浇筑混凝土之间有流水步距,即有 2 个流水步距。

(3)流水工期 T。流水施工工期是指从第一个专业工作队投入流水施工开始,到最后一个专业工作队完成流水施工为止的整个持续时间。由于一项建设工程往往包含有许多流水组,故流水施工工期一般均不是整个工程的总工期。

$$T = \sum K_{i,i+1} + T_n + \sum Z_1 + \sum G_1 - \sum C \tag{2-10}$$

式中:T——流水施工的工期;

T_n——最后一个施工过程的持续时间;

Z_1——楼层内各施工过程的技术间歇时间;

G_1——楼层内各施工过程的组织间歇时间;

C——楼层内的搭接时间;

$K_{i,i+1}$——流水步距。

3. 流水施工的类型

流水施工的类型按照节拍值是否相同,可以分为有节奏流水和无节奏流水。若 t_i 值各不相等,称为无节奏流水。如果各个施工段上的 t_i 值完全相等,则称为全等节拍流水。如果各个施工段上的 t_1、t_2、t_3、$\cdots t_n$ 相等,但 $t_1 \neq t_2 \neq t_3 \neq \cdots \neq t_n$,称为异节奏流水。异节奏流水根据 $K_{i,i+1}$ 值是否相等,又可分为等步距异节拍流水(成倍节拍流水)和异步距异节拍流水。无节奏流水、异步距异节奏流水的求解方法是相同的。因此,本书着重介绍全等节拍流水、成倍节拍流水、无节拍流水施工的求解方法及组织施工,具体分类见图 2-16。

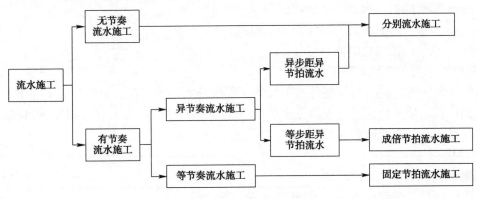

图 2-16 流水施工的分类

1)全等节拍流水施工

当所有的施工过程在各个施工段上的流水节拍彼此相等,这时组织的流水施工方式称为全等节拍流水。

(1)全等节拍流水施工特点:

①所有施工过程在各个施工段上的流水节拍均相等;

②相邻施工过程的流水步距相等,且等于流水节拍;

③专业工作队数等于施工过程数,即每一个施工过程成立一个专业工作队,由该队完成相应施工过程所有施工段上的任务。

④各个专业工作队在各施工段上能连续作业,施工段之间没有空闲时间。

(2)相关参数的计算。

①m 的确定。无层间关系时按划分施工段的基本要求确定即可;有层间关系时,每层施工段数的最小值的计算同公式(2-9)。

②流水工期的确定。无层间关系时,

$$T = (m+n-1)t + \sum Z_1 + \sum G_1 - \sum C \tag{2-11}$$

式中:m——施工段数;

n——施工过程数;

t——流水节拍;

Z_1——楼层内各施工过程的技术间歇时间;

G_1——楼层内各施工过程的组织间歇时间;

C——楼层内的搭接时间。

有层间关系,

$$工期 = (m+nr-1)t + \sum Z_1 + \sum Z_2 + \sum G_1 - \sum C \tag{2-12}$$

式中:m——施工段数;

n——施工过程数;

r——施工层数;

t——流水节拍;

Z_1——楼层内各施工过程的技术间歇时间;

Z_2——楼层间的技术、组织间歇时间;

G_1——楼层内各施工过程的组织间歇时间;

C——楼层内的搭接时间。

(3)组织全等节拍流水施工的条件。

组织这种流水,首先,尽量使各施工段的工程量基本相等;其次,要先确定主导施工过程的流水节拍;再次,使其他施工过程的流水节拍与主导施工过程的流水节拍相等,做到这一点的办法主要是调节各专业队的人数。

(4)组织方法:

①确定施工顺序,划分施工段。

②确定项目施工起点流向,分解施工过程。

③确定流水节拍。根据全等节拍流水要求,应使各流水节拍相等。

④确定流水步距,$K = t$。

⑤计算流水施工的工期。

(5)应用举例。

【例2-9】某分部工程由四个分项工程组成,划分成五个施工段,流水节拍均为3d,无技术组织间歇,试确定流水步距,计算工期,并绘制流水施工进度表。

【解】由已知条件知,宜组织全等节拍流水。

第一步,确定流水步距。由全等节拍专业流水的特点知:$K = t = 3(d)$

第二步,计算工期。$T = (m+n-1)K = (5+4-1)\times 3 = 24(d)$

第三步,绘制流水施工进度表,如图2-17所示。

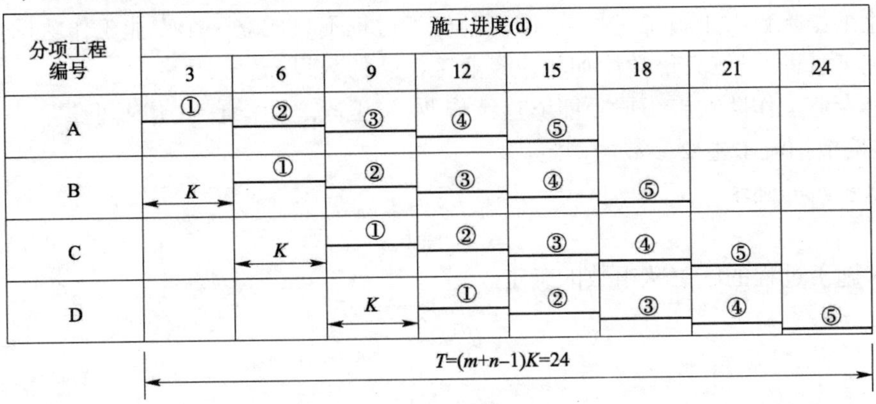

分项工程编号	施工进度(d)							
	3	6	9	12	15	18	21	24
A	①	②	③	④	⑤			
B	←K→	①	②	③	④	⑤		
C		←K→	①	②	③	④	⑤	
D			←K→	①	②	③	④	⑤

$T=(m+n-1)K=24$

图2-17 某工程的全等节拍流水施工进度横道图

【例2-10】某项目有Ⅰ、Ⅱ、Ⅲ、Ⅳ四个施工过程,分两个施工层组织流水施工,施工过程Ⅱ完成后需养护1d,下一个施工过程Ⅲ才能施工,且层间技术间歇为1d,流水节拍均为1d。试确定施工段数,计算工期,绘制流水施工进度表。

【解】第一步,确定流水步距:$K = t = t_i = 1(d)$

第二步,确定施工段数:
$$m = n + \frac{\sum Z_1 + \sum Z_2 + \sum G_1}{K} = 4 + \frac{1+1}{1} = 6$$

第三步,计算工期:$T = (m+nr-1)t + \sum Z_1 + \sum Z_2 + \sum G_1 - \sum C = (6+4\times 2-1)\times 1 + 3 = 16(d)$

第四步,绘制流水施工进度表,如图2-18所示。

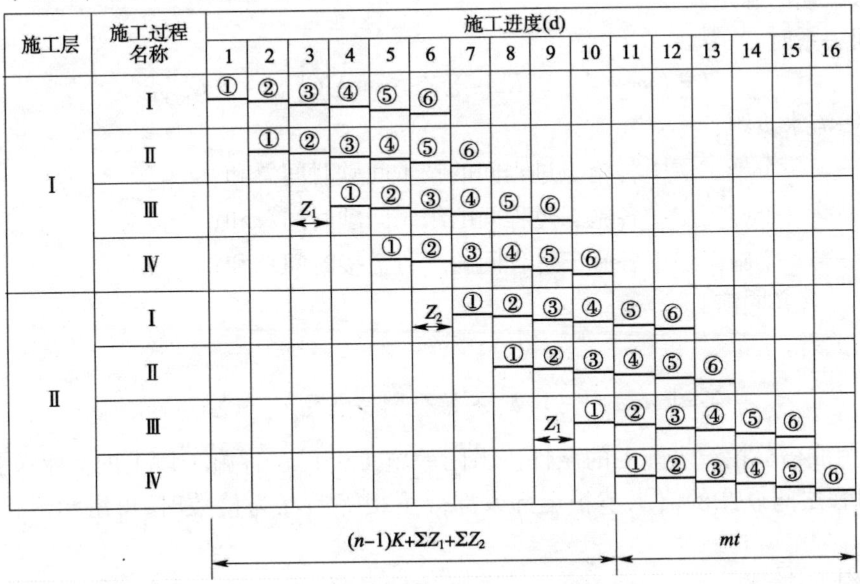

施工层	施工过程名称	施工进度(d)															
		1	2	3	4	5	6	7	8	9	10	11	12	13	14	15	16
Ⅰ	Ⅰ	①	②	③	④	⑤	⑥										
	Ⅱ		①	②	③	④	⑤	⑥									
	Ⅲ			←Z₁→	①	②	③	④	⑤	⑥							
	Ⅳ					①	②	③	④	⑤	⑥						
Ⅱ	Ⅰ					←Z₂→	①	②	③	④	⑤	⑥					
	Ⅱ							①	②	③	④	⑤	⑥				
	Ⅲ							←Z₁→	①	②	③	④	⑤	⑥			
	Ⅳ										①	②	③	④	⑤	⑥	

$(n-1)K+\sum Z_1+\sum Z_2$ | mt

图2-18 某工程的全等节拍流水施工进度横道

2)成倍节拍流水施工

(1)成倍节拍流水的特点：

①同一施工过程在各个施工段上的流水节拍均相等；不同施工过程的流水节拍不等，但其值为倍数关系。

②相邻施工过程的流水步距相等，且等于流水节拍的最大公约数 K_b。

③专业工作队数大于施工过程数，即有的施工过程不只成立一个专业工作队；而对于流水节拍大的施工过程，可按其倍数增加相应专业工作队的数目，$n^1 > n$。

④各个专业工作队在施工段上能够连续作业，施工段之间没有空闲时间。

(2)成倍节拍流水主要参数的确定。

①流水步距的确定。

$$K_{i,i+1} = K_b \tag{2-13}$$

②每个施工过程的施工队组数的确定。

$$b_i = \frac{t_i}{K_b} \tag{2-14}$$

$$n^1 = \sum b_i \tag{2-15}$$

式中：b_i——施工过程 i 所要组织的专业工作队数；

n^1——专业工作队总数。

③施工段数(m)的确定。

无层间关系时，m 为规定值

有层间关系时

$$m = n^1 + \frac{\sum Z_1 + \sum Z_2 + \sum G_1}{K} \tag{2-16}$$

式中：n^1——施工队组数；

其他符号含义同前。

④流水工期的确定。

无层间关系时，

$$T = (m + n^1 - 1)K_b + \sum Z^1_{j,j+1} + \sum G^1_{j,j+1} - \sum C^1_{j,j+1} \tag{2-17}$$

式中：K_b——流水步距；

$\sum Z^1_{j,j+1}$——第一个施工层中各施工过程间的技术间歇时间总和；

$\sum G^1_{j,j+1}$——第一个施工层中各施工过程间的组织间歇时间总和；

$\sum C^1_{j,j+1}$——第一个施工层中各施工过程间的平行搭接时间总和；

其他符号含义同前。

有层间关系，

$$T = (mr + n^1 - 1)K_b + \sum Z^1_{j,j+1} + \sum G^1_{j,j+1} - \sum C^1_{j,j+1} \tag{2-18}$$

(3)组织成倍节拍流水施工的条件。当同一施工过程在各个施工段上的流水节拍都相等，不同施工过程之间彼此的流水节拍全部或部分不相等但互为倍数时，可组织成倍节拍流水施工。

(4)组织方法：

①确定施工起点流向，分解施工过程。

②确定流水节拍。
③确定流水步距 K_b,K_b=各流水节拍最大公约数。
④确定专业工作队数 b_i。
⑤确定施工段数 m。
⑥确定计划总工期。
⑦绘制流水施工进度表。

(5) 应用举例。

【例2-11】某项目由Ⅰ、Ⅱ、Ⅲ三个施工过程、6个施工段组成,流水节拍分别为2d、6d、4d,试组织成倍节拍流水施工,并绘制流水施工的横道图进度表。

【解】第一步,确定流水步距 K_b = 最大公约数 $\{2,6,4\}$ = 2(d)。
第二步,求专业工作队数:

$$b_1 = t_1/K_b = 2/2 = 1$$
$$b_2 = t_2/K_b = 6/2 = 3$$
$$b_3 = t_3/K_b = 4/2 = 2$$
$$n^1 = \sum b_i = 1 + 3 + 2 = 6$$

第三步,求施工段数:为了使各专业工作队都能连续有节奏工作,取 $m = n^1 = 6$ 段。
第四步,计算工期:$T = (6 + 6 - 1) \times 2 = 22(d)$。
第五步,绘制流水施工进度表,见图2-19。

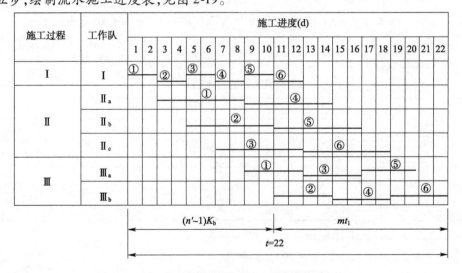

图2-19 成倍节拍流水施工进度横道图

3) 无节奏流水施工
(1) 无节奏流水施工的特点:
①各施工过程在各施工段的流水节拍不全相等,而且无变化规律。
②流水步距与流水节拍之间存在着某种函数关系,流水步距也多数不相等。
③专业工作队数等于施工过程数。
④每个专业工作队都能够连续作业,施工段可能有间歇时间。
(2) 无节奏流水施工的参数计算。
①流水步距的确定,按"潘特考夫斯基定理"即"累加数列错位相减取大差法"计算流水步距。具体方法如下:

第一步,根据专业工作队在各施工段上的流水节拍,求累加数列。累加数列是指同一施工过程或同一专业工作队在各个施工段上的流水节拍的累加。

第二步,根据施工顺序,对所求相邻的两累加数列,错位相减。

第三步,取错位相减结果中数值最大者作为相邻专业工作队之间的流水步距。

②流水工期的计算同公式2-10。

(3)组织无节奏流水施工的条件。在组织流水施工时,经常由于工程结构形式、施工条件不同的原因,各施工过程在各施工段上的工程量有较大差异,导致各施工过程的流水节拍差异很大,无任何规律。这时,可组织无节奏流水施工,最大限度地实现连续作业。这种无节奏流水,也称分别流水,是工程项目流水施工的普遍方式。

(4)组织方法。组织分别流水施工的方法有两种,一种是保证空间连续(工作面连续),另一种是保证时间连续(工人队组连续)。组织方法如下:

①确定施工顺序,划分施工段。

②确定施工起点流向,分解施工过程。

③按相应的公式计算各施工过程在各个施工段上的流水节拍。

④按空间连续或时间连续的组织方法确定相邻两个专业工作队之间的流水步距。

⑤绘制流水施工进度表。

(5)应用举例。

【例2-12】某拟建工程由A、B、C三个施工过程组成;该工程共划分成四个施工流水段,每个施工过程在各个施工流水段上的流水节拍如表2-5所示。按相关规范规定,施工过程B完成后,至少要养护2d,才能进入下道工序。为了尽早完工,经过技术攻关,最终,施工过程B在施工过程A完成之后提前1d施工。

各施工段的流水节拍　　　　　　　　　　　　　　　　表2-5

施工过程 \ 施工段	流水节拍(d)			
	Ⅰ	Ⅱ	Ⅲ	Ⅳ
A	2	4	3	2
B	3	2	3	3
C	4	2	1	3

试编制该工程流水施工计划图。

【解】第一步,求各施工过程之间的流水步距:

①各施工过程流水节拍的累加数列。

A:2　6　9　11

B:3　5　8　11

C:4　6　7　10

②错位相减,取最大的流水步距。

$$
\begin{array}{r}
K_{A,B} \quad 2 \quad 6 \quad 9 \quad 11 \\
-) \quad\quad 3 \quad 5 \quad 8 \quad 11 \\
\hline
2 \quad 3 \quad 4 \quad 3 \quad -11
\end{array}
$$

所以:$K_{A,B}=4(d)$

$$
\begin{array}{r}
K_{B,C} \quad 3 \quad 5 \quad 8 \quad 11 \\
-) \quad \quad 4 \quad 6 \quad 7 \quad 10 \\
\hline
3 \quad 1 \quad 2 \quad 4 \quad -10
\end{array}
$$

所以: $K_{B,C} = 4(d)$

③总工期

工期 $T = \sum K + \sum t_n + \sum Z + \sum G - \sum C = (4+4) + (4+2+1+3) + 2 + 0 - 1 = 19(d)$

第二步,流水施工计划图2-20所示。

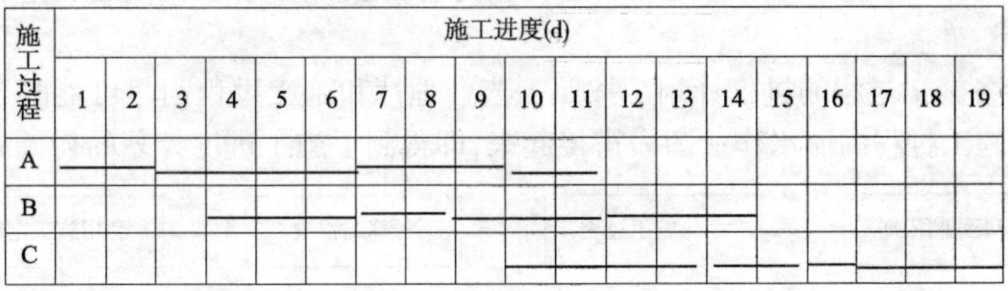

施工过程	施工进度(d)																		
	1	2	3	4	5	6	7	8	9	10	11	12	13	14	15	16	17	18	19
A																			
B																			
C																			

图2-20 无节奏流水施工进度横道图

四、编制进度计划

施工进度计划是在既定施工方案的基础上,根据规定的工期和各种资源供应条件,用图表形式(横道图或网络图)对各分部(分项)工程的施工顺序、起止时间及衔接关系进行合理的安排。

1. 编制进度计划的依据

编制进度计划的主要依据以下资料:

(1)施工组织设计对本工程的有关规定。

(2)有关设计文件,如施工图、地形图、工艺设计图、工程地质勘查报告等。

(3)施工工期要求及开、竣工日期。

(4)施工条件、劳动力、材料、构件及机械的供应条件、分包单位的情况。

(5)施工方案,包括施工区段、施工过程的划分;施工的起点、流向;施工顺序;施工方法及技术组织措施等。

(6)施工定额。

(7)其他有关要求和资料,如工程合同。

2. 编制程序

进度计划的编制程序为收集编制依据→划分施工过程→确定施工顺序→计算工程量→套用施工定额→计算劳动量和机械台班需用量→确定施工过程的持续时间→确定各项目之间的关系及搭接→编制初步计划方案并绘制进度计划图→施工进度计划的检查与调整→绘制正式进度计划。具体编制程序如下图2-21所示。

3. 编制方法

下面以横道图为例来说明。上述各项计算内容确定之后,即可编制施工进度计划的初步方案。一般的编制方法如下:

1)根据施工经验直接安排的方法

这种方法是根据经验资料及有关计算,直接在进度表上画出进度线。编制时,必须考虑各

分部分项工程合理的施工顺序,尽可能组织流水施工,力求主要工种的施工班组连续施工,其具体方法为:

(1)首先安排主导施工过程的施工进度。先安排主导施工过程的施工进度,使其尽可能连续施工,其他施工过程尽可能与主导施工过程紧密配合,组织穿插、搭接或流水施工。例如,砖混结构中的主体结构施工,其主导施工过程是砖墙、砌筑和钢筋混凝土楼盖施工;现浇钢筋混凝土框架结构中的主体结构施工,其主导施工过程为支模板、绑钢筋和浇筑混凝土。

(2)安排其余施工过程的施工进度。按照与主导施工过程相配合的原则,安排其他施工过程的进度计划,如尽量采用与主导施工过程相同的流水参数,保证主要施工过程流水施工的合理性。

(3)搭接各施工过程的进度计划。按照工艺合理性和施工过程间尽可能配合、穿插、搭接的原则,将各施工过程的流水作业图表搭接起来,即得到了施工进度计划的初始方案。

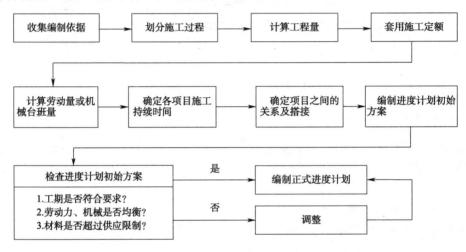

图 2-21 进度计划的编制程序

2)按工艺组合组织流水的施工方法

这种方法是先按各施工过程(即工艺组合流水)初排进度线,然后将各工艺组合最大限度地搭接起来。

4. 进度计划的调整

进度计划初步方案编制以后,应根据建设单位和有关部门的要求、合同规定及施工条件等,先检查各施工过程之间的施工顺序是否合理、流水施工的组织方法应用是否正确、技术间歇是否合理、工期是否满足要求、劳动力、材料、主要机械、设备等资源消耗的利用是否均衡,然后再进行调整,直至满足要求,正式形成施工进度计划。

初始方案调整的方法是增加或缩短某些生产过程的施工持续时间。在符合工艺关系的条件下,将某些生产过程的施工时间向前或向后移动;必要时,还可以改变施工方法。

应当指出,编制施工进度计划的步骤不是孤立的,而是相互依赖、相互联系,有的可以同时进行。另外,建筑施工是一个复杂的施工过程,受客观条件影响的因素多,在施工过程中,由于劳动力和机械、材料等物资的供应以及自然条件等因素的影响,其经常不符合原计划的要求,因而在工程进展中,应随时掌握施工动态,经常检查,不断调整计划。只有这样才能真正发挥计划的指导作用。

学习任务三 资源部署

> 1. 资源部署由哪几部分组成?
> 2. 各种资源计划表是如何编制的?

劳动力、机械设备、施工材料是施工的物质基础,在施工进度计划确定后,应编制资源计划表,从物质方面保证进度计划的顺利进行。

一、劳动力需要量计划

根据工程量清单、劳动定额和进度计划进行编制,主要反映工程施工所需各工种的数量,是控制劳动力平衡和调配的依据。劳动力需要量的编制方法是按照进度表上每天需要的施工人数,分工种进行统计,得出每天所需工种及人数,按时间进度要求汇总编出。劳动力需要量计划可按表2-6进行编制。

劳动力需要量计划表 表2-6

工种名称	需用总工日数	需用人数和时间			
		×月	×月	×月	×月

二、主要材料需要量计划

主要材料需要量计划应根据工程量清单、材料消耗定额和进度计划编制,主要反映施工中各种主要材料的需要量,是备料、供料和确定仓库、堆场面积大小及组织运输的依据。主要材料需要量计划可按表2-7和表2-8进行编制。

主建材料(周转材料)需要量计划样表 表2-7

序号	名称	规格	总需要量	需要数量和时间		
				×月	×月	×月

机电工程材料需要量计划样表 表2-8

序号	材料/设备	型号、规格	品牌	制造商及原产地	需要量	计划进场时间

三、施工机械、设备需要量计划

施工机械、设备需要量计划应根据施工方案、施工方法及进度计划编制,主要反映施工所需的各种机械、设备、测量装置等的名称、型号、规格、数量及起止时间,是落实机具来源及组织机具进场的依据。施工机械、设备需要量计划可按表2-9进行编制。

机电工程施工机械设备需要量计划样表　　　　表2-9

序号	施工机具名称	型号	规格	电功率	需要量	使用时间	备注

学习任务四　场地部署

施工场地部署是根据场地地形地貌、场地大小及形状、周边环境,结合施工段的主要任务,对于施工密切相关的平面图要素如临时设施、临水临电、临时道路等进行统筹性安排。

一、场地布置的一般规定

1. 场地布置的原则

场地布置的原则主要有以下6点:

(1)在满足施工条件下,要紧凑布置,尽可能地减少施工用地,不占用农田。

(2)在确保施工顺利进行的前提下,尽可能地减少临时设施及施工用的管线,尽可能地利用施工现场附近的原有建筑作为施工临时用房,并利用永久性道路供施工使用。

(3)最大限度地缩短工地内部运距,尽量减少场内的二次搬运。各种材料构件、半成品应按进度计划分期分批进场,并尽量布置在使用地点附近或垂直运输机械的回转半径内。

(4)临时设施的布置应便于工人的生产和生活,使工人休息室距施工地点距离最近,节省往返时间。

(5)生产、生活设施应尽量分区,以减少生产与生活的相互干扰,保证现场施工生产安全地进行。

(6)要符合劳动保护、技术安全及防火的要求。

2. 场地布置的内容

场地部署的内容主要有以下几方面的内容。

(1)移动式起重机(包括有轨起重机)等垂直运输设施的布置。

(2)各种加工厂、搅拌站、仓库或堆场的布置。

(3)临时行政和生活性设施的布置。

(4)场内的施工道路的布置。

(5)临时的给水管线、供电线路、蒸汽及压缩空气管道等的布置。

(6)一切安全及防火设施的布置。

3. 施工场地部署的步骤

场地部署的流程如图2-22所示。

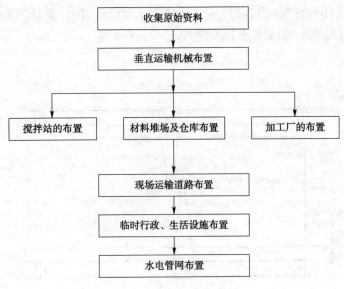

图 2-22 场地部署的流程

二、垂直运输机械的布置

常用的垂直运输机械有施工电梯、塔式起重机、井架、门架等,选择时主要根据机械性能、建筑物平面形状和大小、施工段划分情况、起重高度、材料和构件的重量、材料供应和已有运输道路等情况来确定。其目的是充分发挥起重机械的能力,做到使用安全、方便,便于组织流水施工,并使地面与楼面的水平运输距离最短。

一般情况下,多层房屋施工中,多采用轻型塔吊、井架等;而高层房屋施工,一般采用施工电梯和自升式或爬升式塔吊等作为垂直运输机械。

1. 塔式起重机械的布置

1)有轨式塔式起重机的布置

当建筑物宽度较小,构件重量不大,选择起重力矩在 450kN·m 以下的塔式起重机时,可采用单侧布置方式。

(1)当采用单侧布置时(图 2-23),其起重半径 R 应满足下式要求,即

$$R \geqslant B + A \tag{2-19}$$

式中:R——塔式起重机的最大回转半径(m);

B——建筑物平面的最大宽度(m);

A——建筑外墙皮至塔轨中心线的距离。

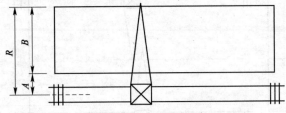

图 2-23 单侧布置

一般当无阳台时,A = 安全网宽度 + 安全网外侧至轨道中心线距离;当有阳台时,A = 阳台宽度 + 安全网宽度 + 安全网外侧至轨道中心线距离。

(2)双侧布置或环形布置(图2-24)。当建筑物宽度较大,构件重量较重时,应采用双侧布置或环形布置,此时起重半径应满足下式要求:

$$R \geqslant \frac{B}{2} + A \tag{2-20}$$

式中符号意义同前。

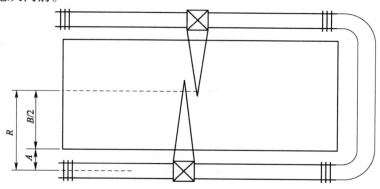

图2-24 双侧布置

(3)跨内单行布置(图2-25)。由于建筑物周围场地狭窄,不能在建筑物外侧布置轨道,或由于建筑物较宽,构件较重时,塔式起重机应采用跨内单行布置才能满足技术要求,此时最大起重半径应满足下式:

$$R \geqslant \frac{B}{2} \tag{2-21}$$

式中符号意义同前。

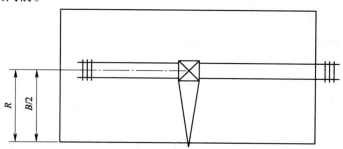

图2-25 跨内单行布置

(4)跨内环形布置(图2-26)。当建筑物较宽构件较重,塔式起重机跨内单行布置不能满足构件吊装要求,且塔吊不可能在跨外布置时则选择这种布置方案。

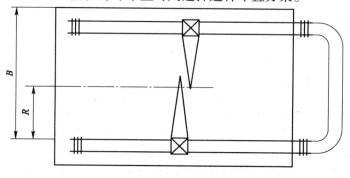

图2-26 跨内环形布置

式中符号意义同前。

2）固定式塔式起重机的布置

固定式塔式起重机的布置原则是充分发挥起重机械的能力，并使地面和楼面的水平运距最小。布置时应考虑：

当建筑物各部位的高度相同时，应布置在施工段的分界线附近；当建筑物各部位的高度不同时，应布置在高低分界线较高部位的一侧。

3）塔式起重机布置的注意事项

（1）塔式起重机的位置及尺寸确定之后，应当复核起重量 Q、回转半径 R、起重高度 H 三项工作参数是否能够满足建筑吊装技术要求。

（2）绘制出塔式起重机的服务范围（图 2-27）。它是以塔轨两端有效端点的轨道中点为圆心，以最大回转半径为半径画出两个半圆，连接两个半圆，即为塔式起重机服务范围。

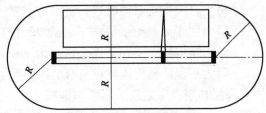

图 2-27 塔吊服务范围示意图

在确定塔式起重机服务范围时，最好将建筑物平面尺寸包括在塔式起重机服务范围内，以保证各种构件与材料直接吊运到建筑物的设计部位上，尽可能不出现死角，如果实在无法避免，则要求死角越小越好，以保证这部分死角的构件顺利安装，有时将塔吊和龙门架同时使用，以解决这一问题。但要确保塔吊回转时不能有碰撞的可能，确保施工安全。

2. 井字架、龙门架的布置

井字架、龙门架是固定式垂直运输机械，它的稳定行好、运输量大，是施工中最常用的，也是最为简便的垂直运输机械。

井字架、龙门架的布置，主要是根据机械的性能、建筑物的平面形状和尺寸、流水段划分情况、材料来向和已有道路运输情况而定。布置时，应考虑以下几方面的因素：

（1）井字架、龙门架的位置以布置在窗口处为宜，以避免砌墙留槎并减少井架拆除后的修补工作。

（2）井字架、龙门架的数量要根据施工进度，垂直提升的构件和材料数量、台班工作效率等因素计算确定，其服务范围一般为 50～60m。

（3）卷扬机的位置不应距离起重机太近，以便司机的视线能够看到整个升降过程。一般要求此距离大于建筑物的高度，水平距外脚手架 3m 以上。

（4）井字架应立在外脚手架之外并有一定距离为宜，一般 5～6m。

3. 施工电梯的布置

施工电梯是高层建筑施工中运输施工人员及货物的主要垂直运输设施，它有独特的箱体结构使其乘坐起来既舒适又安全。施工电梯一般附着在建筑外墙或其他结构部位上，随着建筑物而升高，架设高度可达 200m 以上。在施工现场，通常是配合塔吊使用，一般载质量为 1～3t，运行速度为 1～60m/min。

4. 自行无轨式起重机械的布置

自行无轨式起重机械分履带式、轮胎式和汽车式三种起重机。其专门用于构件装卸和起吊各种构件，适用于装配式单层工业厂房主体结构的吊装，亦可用于混合结构大梁等较重的构件的吊装。其吊装的开行路线及停机位置主要取决于建筑物的平面布置、构件重量、吊装高度和吊装方法等。

5. 混凝土泵和泵车

高层建筑施工中,混凝土的垂直运输量十分巨大,通常用泵送的方法进行。混凝土泵是在压力推动下沿管道输送混凝土的一种设备,它能一次连续完成水平运输和垂直运输,配以布料杆或布料机还可以有效地进行布料和浇筑。在施工现场布置混凝土泵,应根据建筑物的轮廓形状、混凝土分段流水工程量的分布情况、周围条件、地形和交通情况等确定。应着重考虑下列情况。

(1)混凝土泵力求靠近混凝土浇筑地点,以缩短配管长度。
(2)为了确保泵送混凝土能连续工作,泵机周围最好能停放两辆以上混凝土搅拌运输车。
(3)多台混凝土泵同时进行浇筑时,选定的位置要与其各自承担的浇筑量相接近。
(4)为便于混凝土泵清洗,其位置最好接近给排水设施。
(5)为使混凝土泵在最优泵送压力下作业,如果输送距离过长或过高,可采用接力泵送。
(6)为了保证施工连续进行,防止泵机发生故障造成停工,最好设有备用泵机。

高层和超高层建筑采用泵送混凝土时,应从技术、经济两个方面进行综合考虑,常用两种方案。一是采用中压泵配低压管接力泵送,其特点是投资较省、管道压力和磨损小,但泵机必须上楼和拆运;二是采用高压泵配高压管一次泵送,其特点是施工简便,但必须是在泵机允许输送高度范围内。

三、临时建筑设施布置

临时设施是指为适应工程施工需要而在现场修建的临时建筑物和构筑物。临时设施一般包括生产性临时建筑及附属设施;生活性临时设施;施工专用的铁路、公路、大型施工机械的轨道及其路基;水源、电源及临时通信线路;施工所需氧气、乙炔气及压缩空气站等。

1. 生活性临时设施

1)生活性临时设施分类

(1)行政管理和辅助用房:包括办公室、会议室、门卫、消防站、汽车库及修理车间等。
(2)生活用房:包括职工宿舍、食堂、卫生设施、浴室、开水房。
(3)文化福利用房:包括医务室、理发室、工人休息室、文化活动室、小卖部等。

2)生活性临时设施的布置原则

(1)办公生活临时设施的选址首先应考虑与作业区相隔离,保持安全距离。
(2)临时行政、生活用房生活性临时设施的布置应利用永久性建筑、现场原有建筑、采用活动式临时房屋,或可根据施工不同阶段利用已建好的工程建筑,应视场地条件及周围环境条件对所设临时行政,生活用房进行合理地取舍。
(3)在大型工程和场地宽松的条件下,工地行政管理用房宜设在工地入口处或中心地区。现场办公室应靠近施工地点,生活区应设在工人较集中的地方和工人出入必经地点,工地食堂和卫生设施应设在不受施工影响且有利于文明施工的地点。

3)生活性临时设施设计规定

《施工现场临时建筑物技术规范》(JGJ/T 188—2009)对临时建筑物的设计规定如下:
(1)办公室的人均使用面积不宜小于$4m^2$,会议室使用面积不宜小于$30m^2$。
(2)办公用房室内净高不应低于2.5m。
(3)餐厅、资料室、会议室应设在底层。

(4) 宿舍人均使用面积不宜小于 2.5m²，室内净高不应低于 2.5m，每间宿舍居住人数不宜超过 16 人。

(5) 食堂应设在厕所、垃圾站的上风侧，且相距不宜小于 15m。

(6) 厕所蹲位男厕每 50 人一位，女厕每 25 人一位。男厕每 50 人设 1m 长小便槽。

(7) 文体活动室使用面积不宜小于 50m²。

4) 生活性临时设施建筑面积计算

在工程项目施工时，必须考虑施工人员的办公，生活用房及车库，修理车间等设施的建设。这些临时性建筑物建筑面积需要数量应视工程项目规模大小、工期长短、施工现场条件、项目管理机构设置类型等，依据建筑工程劳动定额，先确定工地年（季）高峰平均职工人数，然后根据现行定额或实际经验数值，按式（2-22）计算：

$$S = NP \tag{2-22}$$

式中：S——建筑面积（m²）；
N——人数；
P——建筑面积指标。

临时设施建筑面积参考指标见表 2-10。

行政生活福利临时设施建筑面积参考指标　　　　表 2-10

临时房屋名称		参考指标（m²/人）	说　明
办公室		3~4	按管理人员人数
宿舍	双层	2.0~2.5	按高峰年（季）平均职工人数（扣除不在工地食宿人数）
	单层	3.5~4.5	
食堂		3.5~4	
浴室		0.5~0.8	
活动室		0.07~0.1	按高峰年平均职工人数
两地小型设施	开水房	0.01~0.04	
	厕所	0.02~0.07	

2. 临时仓库、堆场的布置

1) 仓库的类型

仓库可以分为三种，即转运仓库、中心仓库、现场仓库。在施工现场，通常仅考虑现场仓库的布置。

2) 现场仓库的形式

现场仓库按其储存材料的性质和重要程度，可采用露天堆场、半封闭式（棚）或封闭式（仓库）三种形式。

3) 仓库和材料、构件的堆放与布置

布置要点为：

(1) 搅拌站、仓库、材料和构件堆场应尽量靠近使用地点或布置在起重机的回转半径内，并兼顾运输和装卸的方便。基础所使用的材料，可堆放在基坑四周，但须留足安全尺寸，不得因堆料造成基槽（坑）土壁失稳。

(2) 当采用固定式垂直运输设备如井字架、龙门架时，施工材料宜布置在垂直运输机械附近；当采用轨道式起重机进行水平或垂直运输时，应沿起重机的开行路线来布置，且其位置应在起重臂的最大起重半径范围内;当采用固定式起重机进行垂直运输时,应布置在塔式起重机有效的起重幅度范围内,以减少二次搬运。

(3)多种材料同时布置时,对大宗的、重量大的和先期使用的材料尽可能靠近使用地点或起重机附近布置;而少量的、轻的、后期使用的材料则可布置得稍远一些。如砂、石、水泥等大宗材料的布置,可尽量布置在搅拌站附近,使搅拌材料运至搅拌机的距离尽量短。

(4)易燃易爆品仓库应远离锅炉房。

4)各种仓库及堆场所需面积的确定

(1)转运仓库和中心仓库面积的确定:转运仓库和中心仓库面积可按系数估算仓库面积,其计算公式为:

$$F = \Phi m \tag{2-23}$$

式中:F——仓库总面积(m^2);

Φ——系数;

m——计算基数。

(2)现场仓库及堆场面积的确定:各种仓库及堆场所需的面积,可根据施工进度、材料供应情况等,确定分批分期进场,并根据下式计算:

$$F = \frac{Q}{nqk} \tag{2-24}$$

式中:F——仓库或材料堆场需要面积;

Q——各种材料在现场的总用量(m^3);

n——该材料分期分批进场的次数;

q——该材料每平方米储存定额;

k——堆场、仓库面积利用系数。

3. 加工厂的布置

1)工地加工厂类型及结构形式

工地加工厂类型主要有:钢筋混凝土预制加工厂、木材加工厂、钢筋加工厂、金属结构构件加工厂和机械修理厂。

2)工地加工厂布置原则

通常工地设有钢筋、混凝土、木材(包括模板、门窗等)、金属结构等加工厂,加工厂布置时应使材料及构件的总运输费用最小,减少进入现场的二次搬运量,同时使加工厂有良好的生产条件,做到加工与施工互不干扰。一般情况下,把加工厂布置在工地的边缘。这样既便于管理又能降低铺设道路,动力管线及给排水管道的费用。

3)工地加工厂面积的确定

钢筋混凝土构件预制厂、锯木车间、模板车间、细木加工车间、钢筋加工车间(棚)等所需建筑面积可按公式(2-25)计算:

$$S = \frac{kQ}{TD\alpha} \tag{2-25}$$

式中:S——所需确定的建筑面积(m^2);

Q——加工总量(m^3或 t),依加工需要量计划而定;

k——均匀系数,取 1.3~1.5;

T——加工总工期(月);

D——每平方米场地月平均产量定额；
α——场地或建筑面积利用系数，取 $0.6\sim0.7$。

4. 搅拌站的布置

搅拌站的布置要求如下：

(1) 搅拌站应有后台上料的场地，尤其是混凝土搅拌机，要与砂石堆场、水泥库一起考虑布置，既要互相靠近，又要便于材料的运输和装卸。

(2) 搅拌站应尽可能布置在垂直运输机械附近或其服务范围内，以减少水平运距。

(3) 搅拌站应设置在施工道路近旁，使小车、翻斗车运输方便。

(4) 搅拌站场地四周应设置排水沟，以有利于清洗机械和排除污水，避免造成现场积水。

(5) 混凝土搅拌台所需面积约 $25m^2$，砂浆搅拌台所需面积约 $15m^2$。

四、临时道路的布置

1. 施工道路的技术要求

(1) 道路的最小宽度和回转半径见表 2-11 及表 2-12。

简易公路技术要求表　　　　　　　　　　　　　　　表 2-11

指标名称	单位	技术标准
设计车速	km/h	≤20
路基宽度	m	双车道 7；单车道 5
路面宽度	m	双车道 6；单车道 4
平面曲线最小半径	m	平原、丘陵地区 20；山区 15；回头弯道 12
最大纵坡	%	平原地区 6；丘陵地区 8；山区 9
纵坡最短长度	m	平原地区 100；山区 50
桥面宽度	m	木桥 4~4.5
桥涵载重等级	t	木桥涵 7.8~10.4

各类车辆要求路面最小允许曲线半径　　　　　　　　表 2-12

车辆类型	路面内侧最小曲线半径(m)		
	无拖车	有 1 辆拖车	有 2 辆拖车
小客车、三轮汽车	6	—	—
一般二轴载重汽车：单车道	9	12	15
一般二轴载重汽车：双车道	7		
三轴载重汽车、重型载重汽车、公共汽车	12	15	18
超重型载重汽车	15	18	21

(2) 道路的做法。一般砂质土可采用碾压土路方法。当土质黏或泥泞、翻浆时，可采用加骨料碾压路面的方法，骨料应尽量就地取材，如碎砖、卵石、碎石及大石块等。

2. 施工道路的布置要求

(1) 应满足材料，构件等的运输要求，使道路通到各个仓库及堆场，并距离其装卸区越近越好，以便装卸。

(2) 应满足消防的要求，使道路靠近建筑物，木料场等易发生火灾的地方，以便车辆能开到消防栓处。消防车道宽度不小于 3.5m。

(3) 为提高车辆的行驶速度和通行能力，应尽量将道路布置成环路。如不能设置环形路，则应在路端设置掉头场地。

(4)应尽量利用已有道路或永久性道路。根据建筑总平面图上永久性道路的位置,先修筑路基,作为临时道路。工程结束后,再修筑路面。

(5)施工道路应避开拟建工程和地下管道等地方。否则工程后期施工时,将切断临时道路,给施工带来困难。

五、临时供水设施的布置

工地临时供水的设计,一般包括以下几个内容,确定用水量、选择水源、设计配水管网。

1. 工地临时需水量的计算

工地的用水包括生产、生活和消防用水三方面。生产用水值现场施工用水、施工机械、运输机械和动力设备用水,以及附属生产企业用水等。生活用水是指施工现场生活用水和生活区的用水。

1)现场施工用水

现场施工用水量可按公式(2-26)计算:

$$q_1 = K_1 \sum \frac{Q_1 N_1 K_2}{T_1 t\, 8 \times 3600} \tag{2-26}$$

式中:q_1——施工工程用水量(L/s);

K_1——未预计的施工用水系数,取 1.05~1.15;

Q_1——年(季)度工程量(以实物计量单位表示);

N_1——施工用水定额,见表 2-13;

T_1——年(季)度有效作业日(d);

t——每天工作班数;

K_2——用水不均衡系数,施工工程用水取 1.5,附属生产企业用水取 1.25。

施工用水参考定额(N_1) 表 2-13

序号	用水对象	单位	耗水量(N_1)
1	浇筑混凝土全部用水	L/m³	1700~2400
2	搅拌普通混凝土	L/m³	250
3	搅拌轻质混凝土	L/m³	300~350
4	搅拌泡沫混凝土	L/m³	300~400
5	搅拌热混凝土	L/m³	300~350
6	混凝土自然养护	L/m³	200~400
7	混凝土蒸汽养护	L/m³	500~700
8	冲洗模板	L/m³	5
9	搅拌机清洗	L/台班	600
10	人工冲洗石子	L/m³	1000
11	机械冲洗石子	L/m³	600
12	洗砂	L/m³	1000
13	砌砖工程全部用水	L/m³	150~250
14	砌石工程全部用水	L/m³	50~80
15	抹灰工程全部用水	L/m³	30
16	耐火砖砌体工程	L/m³	100~150

2)施工机械用水

施工机械用水量的计算,见公式(2-27)。

$$q_2 = K_1 \sum Q_2 N_2 \frac{K_3}{8 \times 3600} \quad (2-27)$$

式中:q_2——机械用水量(L/s);

K_1——未预计的施工用水系数,取 1.05~1.15;

Q_2——同一种机械台数(台);

N_2——施工机械台班用水定额,见表2-14;

K_3——用水不均衡系数,施工机械、运输机械取 2.0,动力设备取 1.05~1.1。

施工机械用水参考定额(N_2) 表2-14

序号	用水机械名称	单 位	耗水量(L)	备 注
1	内燃挖土机	m³·台班	200~300	以斗容量 m³ 计
2	内燃起重机	t·台班	15~18	以起重机吨数计
3	蒸汽起重机	t·台班	300~400	以起重机吨数计
4	蒸汽打桩机	t·台班	1000~1200	以锤重吨数计
5	内燃压路机	t·台班	15~18	以压路机吨数计
6	蒸汽压路机	t·台班	100~150	以压路机吨数计
7	拖拉机	台·昼夜	200~300	—
8	汽车	台·昼夜	400~700	—

3)工地生活用水

工地生活用水量的计算见公式(2-28)。

$$q_3 = \frac{P_1 N_3 K_4}{8 \times 3600 t} \quad (2-28)$$

式中:q_3——施工工地生活用水量(L/s);

P_1——施工现场高峰昼夜人数(人);

N_3——施工现场生活用水定额,见表2-15;

K_4——施工现场用水不均衡系数,取 1.30~1.5;

t——每天工作班数(班)。

生活用水量参考定额(N_3、N_4) 表2-15

序号	用水对象	单 位	耗水量
1	生活用水(盥洗、饮用)	L/(人·日)	25~40
2	食堂	L/(人·日)	10~20
3	浴室(淋浴)	L/(人·日)	40~60
4	淋浴带大池	L/(人·日)	50~60
5	洗衣房	L/kg 干衣	40~60
6	理发室	L/(人·次)	10~25
7	施工现场生活用水	L/(人·次)	20~60
8	生活区全部生活用水	L/(人·次)	80~120

4）生活区生活用水

生活区生活用水量的计算见公式(2-29)。

$$q_4 = \frac{P_2 N_4 K_5}{24 \times 3600} \tag{2-29}$$

式中：q_4——生活区生活用水量(L/s)；
  P_2——生活区居民人数(人)；
  N_4——生活区昼夜全部生活用水定额，见表2-15；
  K_5——生活区用水不均衡系数，取 2.00~2.50。

5）消防用水量

工地消防需水量 q_5 取决于工地的大小和房屋、构筑物的结构性质、层数和防火等级。消防用水量 q_5 见表2-16。

消防用水量(q_5) 表2-16

用水名称	火灾同时发生次数	单位	用水量
居民区消防用水	5000人以内	一次	L/s	10
	10000人以内	二次	L/s	10~15
	25000人以内	二次	L/s	15~20
施工现场消防用水	施工现场在25hm²内	一次	L/s	10~15
	每增加25hm²	一次	L/s	5

6）总用数量 Q 的计算

当 $q_1 + q_2 + q_3 + q_4 \leq q_5$ 时，

$$Q = q_5 + \frac{q_1 + q_2 + q_3 + q_4}{2}$$

当 $q_1 + q_2 + q_3 + q_4 > q_5$ 时，

$$Q = q_1 + q_2 + q_3 + q_4$$

当工地面积小于 $50000 m^2$ 而且 $q_1 + q_2 + q_3 + q_4 < q_5$ 时，则 $Q = q_5$，最后计算出的总用水量还应增加 10%，以补偿不可避免的水管漏水损失。

2. 计算临时用水管径

计算公式见公式(2-30)。

$$d = \sqrt{\frac{4Q}{1000 \pi v}} \tag{2-30}$$

式中：d——配水管径(m)；
  v——管网中水流速度(m/s)；
  Q——耗水量(L/s)。

六、临时供电设施的布置

由于施工机械化程度的提高，工地上用电量越来越大，临时供电设施的配置和选择显得更加重要。工地临时供电的组织包括：用电量的计算，电源的选择，确定变压器，配电线路设置和导线截面面积的确定。

1. 临时用电施工组织设计的内容

临时用电设计主要包括以下几方面的内容：

(1) 现场勘探。

(2) 确定电源进线、变电所、配电室、总配电箱、分配电箱等的位置及线路走向。

(3) 进行荷载计算。

(4) 选择变压器容量、导线截面和电器的类型、规格。

(5) 绘制电器平面图、立面图和接线系统图。

(6) 制定安全用电技术措施和电器防火措施。

2. 工地总用电量

工地总用电量按下式计算：

$$P = (1.05 \sim 1.1)\left(\frac{K_1 \sum P_1}{\cos\varphi} + K_2 \sum P_2 + K_3 \sum P_3 + K_4 \sum P_4\right) \tag{2-31}$$

式中： P——用电设备总用电容量(kV·A)；

P_1——电动机额定功率(kW)；

P_2——电焊机额定容量(kV·A)；

P_3——室内照明容量(kW)；

P_4——室外照明容量(kW)；

$\cos\varphi$——用电设备功率因数，一般为建筑工地取 0.75；

K_1、K_2、K_3、K_4——需要系数，取值见表 2-17。

需要系数(K 值)　　　　　　　表 2-17

用电名称	数量	需要系数				备注
		K_1	K_2	K_3	K_4	
电动机	3~10 台	0.7				如施工中需要电热时，应将其用电量计算进去。为使计算结果接近实际，式中各项动力和照明用电，应根据不同工作性质分类计算
	11~30 台	0.6				
	30 台以上	0.5				
加工厂动力设备		0.5				
电焊机	3~10 台		0.6			
	10 台以上		0.5			
室内照明				0.8		
室外照明					1.0	

由于照明用电量远小于动力用电量，故单班施工时，其用电总量可以不考虑照明用电。

3. 变压器的功率计算

一般情况下，是将工地附近的高压电网引入工地的变压器进行调配。其变压器功率可由公式(2-32)计算。

$$P = K \frac{\sum P_{\max}}{\cos\varphi} \tag{2-32}$$

式中：P——变压器的功率（kV·A）；

K——功率损失系数，取 1.05；

$\sum P_{max}$——各施工区的最大计算负荷（kW）；

$\cos\varphi$——用电设备功率因数，一般为建筑工地，取 0.75。

4. 配电导线截面计算

配电导线必须能承受负荷电流长时间通过所引起的温升，而其最高温升不超过规定值。三相四线制线路上的电流强度可按公式(2-33)计算：

$$I_{线} = \frac{1000 P_{计}}{\sqrt{3} U_{线} \cos\varphi} \tag{2-33}$$

式中：$I_{线}$——电流值（A）；

$P_{计}$——功率（W）；

$U_{线}$——电压（V）；

$\cos\varphi$——用电设备功率因数，一般为建筑工地，取 0.75。

5. 变压器、供电线路的布置要求

（1）当施工现场只需设置一台变压器时，供电线路可按枝状布置，变压器应设置在引入电源的安全区域内。

（2）当工地较大，需要设置多台变压器时，应先用一台主降压变压器，将工地附近的 110kV 或 35kV 的高压电网上的电压降至 10kV 或 6kV，然后再通过若干个分变压器将电压降至 380/220V。主变压器与各分变压器之间采用环状连接布置；每个分变压器到该变压器负担的各用电点的线路可采用枝状布置，分变电器应设置在用电设备集中、用电量大的地方或该变压器所负担区域的中心地带，以尽量缩短供电线路的长度；低压变电器的有效供电半径为 400~500m。

（3）工地上的 3kV、6kV 或 10kV 的高压线路，可采用架空裸线，其电杆之间距离为 40~60m；也可采用地下电缆；户外 380/220V 的低电压线路，可采用架空裸线，与建筑物、脚手架等距离相近时，必须采用绝缘架空线，其电杆之间距离为 25~40m；分支线或引入线均必须从电杆处连接，不得从两杆之间的线路上直接连接。电杆一般采用钢筋混凝土电杆；低压线路也可采用木杆。

（4）为了维修方便，施工现场一般采用架空配电线路，并尽量使其线路最短。要求现场架空线与施工建筑物水平距离不小于 1m，线与地面距离不小于 4m，跨越建筑物或临时设施时，垂直距离不小于 2.5m，线间距不小于 0.3m。

（5）各用电点必须配备与用电设备功率相匹配的、由闸刀开关、熔断保险、漏电保护器和插座等组成的配电器，其高度与安装位置应以操作方便、安全为准；每台用电机械或设备均应分设闸刀开关和熔断器，实行单机单闸，严禁一闸多机。

（6）设置在室外的配电箱应有防雨措施，严防漏电，短路或触电事故的发生。

（7）线路应布置在起重机的回转半径之外。否则应搭设防护栏，其高度要超过线路 2m，机械运转时还应采取相应措施，以确保安全。现场机械较多时，可采用埋地电缆，以减少互相干扰。

（8）新建变压器应远离交通要道口处，布置在现场边缘高压线接入处，离地高度应大于 3m，四周设有高度大于 1.7m 的铁丝网防护栏，并设置明显标志。

学习任务五 施工准备

1. 施工准备由哪几部分组成？
2. 现场准备的内容有哪些？
3. 技术准备的内容有哪些？

一、劳动力准备

1. 确定拟建工程项目的领导机构

项目管理组织机构如图2-28所示。

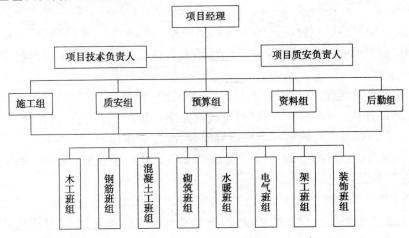

图2-28 项目管理组织机构

2. 建立精干的施工队伍

施工队伍的建立应考虑专业和工种的配合，技工和普工的比例满足合理的劳动组织要求。土建施工队伍是混合队伍形式，其特点是人员配备少、工人以本工种为主兼做其他工作、工序之间搭接比较紧凑、劳动效率高。例如，砖混结构的主体阶段主要以瓦工为主，配有架子工、木工、钢筋工、混凝土工及机械工；装修阶段则以抹灰工为主，配有木工、电工等。对于装配式结构，则以结构吊装为主，配备适当的电焊工、木工、钢筋工、混凝土工、瓦工等。对于全现浇结构，混凝土工是主要工种，由于采用工具式模板，操作简便，因此不一定配备木工，只要有一些熟练的操作人员即可。

3. 专业施工队伍的组织

机电安装及消防、空调、通信系统等设备一般由生产厂家进行安装和调试，有的施工项目需要机械化施工公司承担，如土石方、吊装工程等。这些都应在施工准备中以签订承包合同的形式予以明确，以便组织施工队伍。

二、现场准备

1. 拆除障碍物

(1)施工现场内的一切地上、地下障碍物，都应在开工前清除。

(2)对于房屋的拆除,一般只要把水源、电源切断后即可进行拆除。若采用爆破的方法,必须经有关部门批准,需要由专业的爆破作业人员来承担。

(3)架空电线(电力、通信)、地下电缆(包括电力、通信)的拆除,要与电力部门或通信部门联系并办理有关手续后方可进行。

(4)自来水、污水、煤气、热力等管线的拆除,都应与有关部门取得联系,办好手续后由专业公司来完成。

(5)场内的树木须报请园林部门批准后方可砍伐。

(6)拆除障碍物后,留下的杂物应清除出场外。

2."三通一平"

"三通一平"是指在拟建工程施工范围内的施工用水、用电、道路接通和平整施工场地。随着社会的进步,在现代实际工程施工中,往往不仅仅只需要水通、电通、路通的要求,对施工现场有更高的要求,如气通(供煤气)、热通(供蒸汽)、话通(通电话)、网通(通网络)等。

3.测量放线

(1)施工时应根据建设单位提供的由规划部门给定的永久性坐标和高程,按建筑总图上的要求,进行现场控制网点的测量,妥善设立现场永久性标准,为施工全过程的测量放线创造条件。

(2)在测量放线前,应做好检验校正仪器、校核红线桩(规划部门给定的红线,在法律上起着控制建筑用地的作用)与水准点、制订测量放线方案(如平面控制、标高控制、沉降观测和竣工测量等)等工作。如发现红线桩和水准点有问题,应提请建设单位处理。

(3)建筑物应通过设计图中的平面控制轴线来确定其轮廓位置,测定后提交有关部门和建设单位验线,以保证定位的准确性。

4.临时设施搭设

(1)在考虑施工现场临时设施的搭设时,应尽量利用原有建筑物,并尽可能地减少临时设施的数量,以节约用地、节省投资。

(2)各种生产、生活用的临时设施包括各种仓库、混凝土搅拌站、预制构件场地、各种加工作业棚、机修站、办公用房、食堂、宿舍、文化生活设施等,均应按批准的施工组织设计规定的位置、数量、标准、面积等要求组织修建。大、中型工程可分批进行修建。

(3)现场生活和生产用的临时设施应按施工平面布置图的要求进行。

(4)为了安全及文明施工,应用围墙将施工用地围护起来,围墙的形式、材料和高度应符合有关的规定和要求,并在主要出入口设置标牌挂图,标明工程项目的名称、施工单位、项目负责人等。

三、技术准备

技术准备是施工准备工作的核心,是现场施工准备工作的基础。技术准备的主要内容包括熟悉与会审图纸、编制施工组织设计、编制施工图预算和施工预算。

1.图纸会审

图纸会审是由建设单位组织的,由工程各参建单位(建设单位、监理单位、施工单位、设计单位)对图纸进行全面细致的熟悉,审查出施工图中存在的问题及不合理情况并提交设计单位进行处理的一项重要活动。通过图纸会审可以使各参建单位特别是施工单位熟悉设计图纸、领会设计意图、掌握工程特点及难点,找出需要解决的技术难题并拟定解决方案,从而将因设计缺陷而存在的问题消灭在施工之前。

2. 编制施工组织设计

施工组织设计是由承建单位根据自身的实际情况和工程项目的特点,在施工前对设计和施工、技术和经济、前方和后方、人力和物力、时间和空间等方面所做的一个安排,是统筹施工全过程的重要的技术文件。

3. 编制施工图预算和施工预算

在设计交底和图纸会审的基础上,施工组织设计经监理工程师批准后,预算部门即可着手编制单位工程施工图预算和施工预算,以确定人工、材料和机械费用的支出,并确定人工数量、材料消耗数量及机械台班使用量。

施工图预算是按施工图纸计算工程量。施工预算是按现场施工工艺及技术要求计算得出的工程量,是施工方控制施工成本的一个技术手段。

四、物质准备

材料、构（配）件、制品、机具和设备是保证施工顺利进行的物资基础,这些物资的准备工作必须在工程开工之前完成。根据各种物资的需要量计划,分别落实货源,安排运输和储备,使其满足连续施工的要求。

物资准备工作主要包括建筑材料的准备;构（配）件和制品的加工准备;建筑安装机具的准备和生产工艺设备的准备。

1. 建筑材料的准备

建筑材料的准备主要是根据施工进度计划要求,按材料名称、规格、使用时间进行汇总,编制出材料需要量计划,为组织备料、确定仓库、场地堆放所需的面积和组织运输等提供依据。

2. 构（配）件、制品的加工准备

根据施工进度计划统计构（配）件制品的名称、规格、质量和数量,确定加工方案和供应渠道以及进场后的储存地点和方式,编制出其需要量计划,为组织运输、确定堆场面积等提供依据。

3. 建筑安装机具的准备

根据采用的施工方案及安排的施工进度,确定施工机械的类型、数量和进场时间,确定施工机具的供应办法和进场后的存放地点和方式,编制建筑安装机具的需要量计划,为组织运输,确定堆场面积等提供依据。

4. 生产工艺设备的准备

按照拟建工程生产工艺流程及工艺设备的布置图提出工艺设备的名称、型号、生产能力和需要量,确定分期分批进场时间和保管方式,编制工艺设备需要量计划,为组织运输、确定堆场面积提供依据。

学习情境三 网络计划应用

【问题引入】

1. 网络计划技术的特点是什么？与横道图相比网络计划的优势在哪里？
2. 如何通过网络进度计划控制施工进度？如何正确表达一项计划中各项工作开展的先后顺序及相互之间的逻辑关系？
3. 如何确定网络进度计划的关键线路？如何进行时间参数计算？
4. 如何调整网络进度计划使之跟工程实际情况相吻合？

【知识目标】

1. 掌握绘制双代号网络进度计划（时标网络进度计划）的方法；
2. 掌握绘制单代号网络进度（搭接网络进度计划）的方法；
3. 了解网络进度计划的调整方法。

【知识链接】

网络计划技术是一种有效的系统分析和优化技术。它来源于工程技术和管理实践中，目前广泛应用于军事、航天、工程管理、科学研究、技术发展、市场分析和投资决策等各个领域，在保证和缩短时间、降低成本、提高效率、节约资源等方面取得成效。

网络计划的基本原理：首先应用网络图来表达一项（或工程）中各项工作的开展顺序及其相互之间的关系；通过计算网络图的时间参数，找出关键工作和关键线路；然后通过不断改进网络计划，寻求最优方案，以求在计划执行过程中对计划进行有效的控制和监督，保证合理地使用人力、物力和财力，以最小的消耗取得最大的经济效果。

学习任务一 双代号网络计划

1. 什么是双代号网络计划，其要素是什么，如何进行编制，其时间参数如何进行计算？关键线路如何确定？
2. 双代号时标网络计划图如何绘制？前锋线检查法是如何应用的？

一、概述

双代号网络计划是应用较为普遍的一种网络计划形式，双代号网络图是用圆圈和有向箭线表达计划所要完成的各项工作的先后顺序和相互关系而构成的网状图形。其中，工作、节点、线路通常被称为双代号网络图的三大构成要素。

1. 双代号网络图的基本符号

双代号网络图基本符号是圆圈、箭线及编号。

1）箭线（线路）

（1）在双代号网络图中，每一条箭线与其两端的节点表示一项工作，又称工序、作业，如支模板、绑钢筋、浇筑混凝土等。

（2）在双代号网络图中，任意一条实箭线都要占用时间、消耗资源（有时只占时间，不消耗资源，如混凝土的养护）。虚箭线（图3-1）代表的是虚拟的工作（虚工作），即不占用时间也不消耗资源。

（3）在无时间坐标限制的网络图中，箭线的长度原则上不受限制，其占用的时间以下方标注的时间参数为准。箭线可以为直线、折线或斜线，但其行进方向均应从左向右，如图3-2所示。

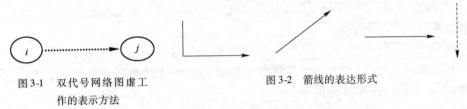

图3-1 双代号网络图虚工
作的表示方法

图3-2 箭线的表达形式

（4）箭线所指的方向表示工作进行的方向，箭尾表示该工作的开始，箭头表示工作的结束。工作名称（或代号）标注在箭线的上方，工作的持续时间标注在箭线的下方，如图3-3所示。

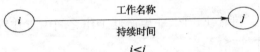

图3-3 双代号网络图中工作的表示方法

（5）在双代号网络图中，各项工作之间的关系有3种。通常将被研究的对象称为本工作，用 $i-j$ 工作表示，紧排在本工作之前的工作称为紧前工作，紧排在本工作之后的工作称为紧后工作，与之平行进行的工作称为平行工作（图3-4）。

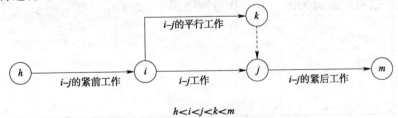

图3-4 双代号网络图中工作之间的关系

2）节点（也称事件）

（1）在双代号网络图中，节点（事件）是指工作开始或完成的时间点，通常用圆圈（或方框）表示。节点表示的是工作之间的交接点，它既表示该节点前一项或若干项工作的结束，也表示该节点后一项或若干项工作的开始。如图3-5中的节点②，它既表示 A 工作的结束时刻，也表示 B、C 工作的开始时刻。

（2）节点只是瞬间，它既不消耗时间，也不消耗资源。

（3）在网络图中，对一个确定的节点 i 来说，可能有许多箭线指向该节点，这些指向该节点的箭线称为内向箭线；同样也可能有许多箭线由该节点引出,这些由该节点引出的箭线称为外向箭线,如图3-6所示。

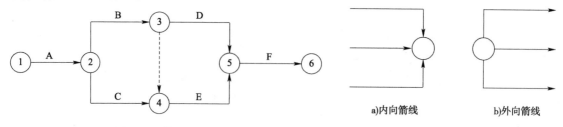

图3-5 双代号网络图　　　　　　　　　图3-6 内向箭线和外向箭线

（4）网络图中的第一个节点称为起点节点,它表示一项任务的开始；网络图的最后一个节点称为终点节点,它表示一项任务的完成；其余的节点均称为中间节点。如图3-5中的①为起点节点,⑥为终点节点,②、③、④、⑤为中间节点。

3）节点编号

所有的节点都应统一编号,一条箭线前后两个节点的号码就是该箭线所表示的工作的代号。在对网络图的节点进行编号时,箭尾节点的号码应小于箭头节点的号码。在一个网络图中,所有的节点不能出现重复的编号。

2. 双代号网络图各种关系的正确表示方法

网络图中工作之间相互制约或相互依赖的关系称为逻辑关系,它包括工艺关系和组织关系,在网络中均应表现为工作之间的先后顺序。

1）工艺关系

生产性工作之间由工艺过程决定的、非生产性工作之间由工作程序决定的先后顺序叫工艺关系。

2）组织关系

工作之间由于组织安排需要或资源（人力、材料、机械设备和资金等）调配需要而规定的先后顺序叫组织关系。

在绘制网络图时,应特别注意虚箭线（图3-7）的使用。在某些情况下,必须借助虚箭线才能正确表达工作之间的逻辑关系。在双代号网络图中,虚工作一般起联系、区分和断开3个作用。

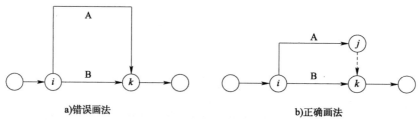

图3-7 双代号网络图中虚工作的区分作用

（1）联系作用是指应用虚工作连接工作之间的工艺联系和组织联系。
（2）区分作用是指当两项工作的开始节点和结束节点相同时,应用虚工作加以区分。
（3）断开作用是断开无逻辑关系的工作联系。

有3道工序的某工程项目的正确双代号网络图与容易出现的错误双代号网络图如图3-8所示。

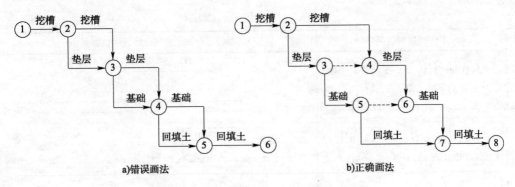

图 3-8 双代号网络图中虚工作的断路作用

二、双代号网络图的逻辑关系及绘图规则、绘图技巧

1. 双代号网络图的逻辑关系

逻辑关系表达是否正确就是网络图能否反映工作实际情况的关键,而逻辑关系弄错,图中各项工作参数的计算以及关键线路和工程工期都将随之发生错误。

绘制网络图时应特别注意虚箭线的使用。在某些情况下,必须借助虚箭线才能正确表达工作之间的逻辑关系。表 3-1 中给出了 12 种常见的逻辑关系及其表达方式。

双代号网络图中常见的逻辑关系及其表示方法　　　　　　表 3-1

序号	工作间逻辑关系	表 示 方 法
1	A、B、C 无紧前工作,即工作 A、B、C 均为计划的第一项工作,且平行进行	
2	A 完成后,B、C、D 才能开始	
3	A、B、C 均完成后,D 才能开始	
4	A、B 均完成后,C、D 才能开始	
5	A 完成后,D 才能开始;A、B 均完成后 E 才能开始;A、B、C 均完成后,F 才能开始	

续上表

序号	工作间逻辑关系	表示方法
6	A与D同时开始,B为A的紧后工作,C为D、B的紧后工作	
7	A、B均完成后,D才开始;A、B、C均完成后,E才开始;D、E完成后,F才开始	
8	A结束后,B、C、D才开始;B、C、D结束后,E才开始	
9	A、B完成后,D才能开始;B、C完成后,E才能开始	
10	工作A、B分为3个施工阶段,分段流水施工,A_1完成后进行A_2、B_1;A_2完成后进行A_3、B_2;A_2、B_1完成后进行B_2;A_3、B_3完成后进行B_3	第一种表示 / 第二种表示
11	A、B均完成后,C才能开始;A、B、C分3段作业交叉进行;A、B分为A_1、A_2、A_3和B_1、B_2、B_3 3个施工作,C分为C_1、C_2、C_3 3个施工段	
12	A、B、C为最后3项工作,即A、B、C无紧后作业	有3种可能

2. 绘制规则

在按逻辑关系绘制双代号网络图时,主要考虑工艺顺序和组织顺序。所谓工艺顺序就是工艺之间的先后顺序。如某一现浇钢筋混凝土柱的施工,必须在绑扎完柱子钢筋并支完模板之后才能浇筑混凝土。这个先后顺序不能调换。而组织顺序是网络计划人员在施工方案的基础上,根据工程对象所处的时间、空间及资源供应等客观条件所确定的工作开展顺序。如同一施工过程,有 A、B、C 3 个施工段,需要确定是先施工 A 还是 B 或 C,或是同时施工其中的 2 个或 3 个施工段。某些不存在工艺制约关系的施工过程,如屋面防水工程与门窗工程,二者之中先施工其中某项还是同时进行要根据施工的具体条件(如工期要求、人力及材料等资源供应条件)来确定。

双代号网络图绘制必须遵守一定的基本原则才能明确表达工作的内容、工作间的逻辑关系,并且使所绘制的图易于识读和操作。

(1)双代号网络图必须正确表达已定的逻辑关系。

(2)双代号网络图中,严禁出现循环回路。所谓循环回路是指从网络图中的某一个节点出发,顺着箭线方向又回到了原来出发点的线路,如图 3-9a)所示。

(3)双代号网络图中,在节点之间严禁出现带双向箭头或无箭头的连线,如图 3-9b)所示。

(4)双代号网络图中,严禁出现没有箭头节点或没有箭尾节点的箭线。如图 3-9c)所示。

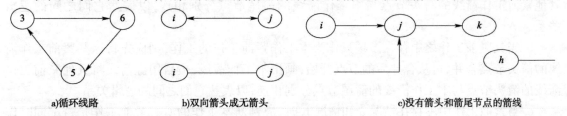

图 3-9 箭线错误画法

(5)当双代号网络图的某些节点有多条外向箭线或多条内向箭线时,为使图形简洁,可使用母线法绘制(但应满足一项工作用一条箭线和相应的一对节点表示),如图 3-10 所示。

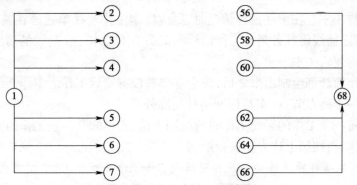

图 3-10 母线表示方法

(6)绘制网络图时,箭线不宜交叉;当交叉不可避免时,可用过桥法或指向法,如图 3-11 所示。

(7)双代号网络图中应只有一个起点节点和一个终点节点(多目标网络计划除外),而其他所有节点均应是中间节点,如图 3-12 所示。

3. 网络图的绘制技巧

绘制双代号网络图时有一种快速、高效的绘图技巧。

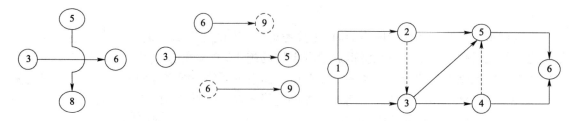

图 3-11 过桥法与指向法　　　　图 3-12 只有一个起点(终点)节点的双代号网络计划

若已知每一项工作的紧前工作时,可按下述步骤绘制双代号网络图:

(1)绘制没有紧前工作的工作箭线,使它们具有相同的开始节点。

(2)依次绘制其他工作箭线,在绘制这些工作箭线时,应按下列原则进行:

①当所要绘制的工作,只有一项紧前工作时,则将该工作箭线直接画在其紧前工作箭线之后即可。

②当所要绘制的工作有多项紧前工作时,应按以下四种情况分别予以考虑:

a. 当其紧前工作之中存在一项只作为本工作紧前工作的工作(即在紧前工作栏目中,该紧前工作只出现一次),则应将本工作箭线直接画在该紧前工作箭线之后,然后用虚箭线将其他紧前工作箭线的箭头节点与本工作箭线的箭尾节点分别相连,以表达它们之间的逻辑关系。

b. 当其紧前工作之中存在多项只作为本工作紧前工作的工作,则应先将这些紧前工作箭线的箭头节点合并,再从合并后的节点开始,画出本工作箭线,最后用虚箭线将其他紧前工作箭线的箭头节点与本工作箭线的箭尾节点分别相连,以表达它们之间的逻辑关系。

c. 当紧前工作中不存在情况 a 和情况 b 时,应判断本工作的所有紧前工作是否都同时作为其他工作的紧前工作(即在紧前工作栏目中,这几项紧前工作是否均同时出现若干次)。如果上述条件成立,应先将这些紧前工作箭线的箭头节点合并后,再从合并后的节点开始画出本工作箭线。

d. 当紧前工作中不存在上述三种情况时,则应将本工作箭线单独画在其紧前工作箭线之后的中部,然后用虚箭线将其各紧前工作箭线的箭头节点与本工作箭线的箭尾节点分别相连,以表达它们之间的逻辑关系。

③当各项工作箭线都绘制出来之后,应合并那些没有紧后工作之工作箭线的箭头节点,以保证网络图只有一个终点节点(多目标网络计划除外)。

以上是已知每一项工作的紧前工作时的绘图方法,当已知某一项工作的紧后工作时,可将其转换成紧前工作,再按照上述方法进行绘制。

【例 3-1】已知某项目的工作构成及其逻辑关系如表 3-2 所示,试绘制双代号网络图。

某项目工作构成及逻辑关系　　　　表 3-2

序 号	工作名称	工作代号	紧前工作	持续时间
1	略	A	—	1
2	略	B	—	5
3	略	C	A	3
4	略	D	A	2
5	略	E	B、C	6

续上表

序　号	工作名称	工作代号	紧前工作	持续时间
6	略	F	B、C	5
7	略	G	D、E	5
8	略	H	D、E、F	3

根据上述12条逻辑关系绘图如下（图3-13），经检查发现图中有多余虚箭线，根据绘图规则调整后本例最终网络关系图如图3-14所示。

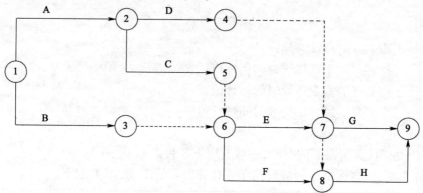

图3-13　某项目双代号网络图

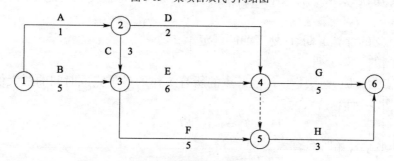

图3-14　调整后的双代号网络图

三、双代号网络计划时间参数计算

1. 公式法计算双代号网络的6个时间参数

绘制网络计划图，不但要根据绘图规则，正确表达工作之间的逻辑关系，还要确定图上工作和各个节点的时间参数，确定网络计划的关键工作和关键线路；确定计算工期；确定非关键工作的机动时间（时差），为网络计划的调整、优化和执行提供明确的时间参数依据。

网络计划的时间参数计算方法很多，包括工作持续时间的计算，如定额计算法、三时估算法；网络计划时间参数的计算方法如二时标注法、工作计算法等。

1）工作的持续时间

工作持续时间是指一项工作从开始到完成的时间。工作持续时间的计算方法有两种：一是定额计算法，二是"三时估算法"。

（1）定额计算法（确定型）。定额计算法按下式计算：

$$D_{i-j} = \frac{Q_{i-j}}{RS} = \frac{Q_{i-j}H}{R} \tag{3-1}$$

式中：D_{i-j}——工作 $i-j$ 的持续时间；
$\quad Q_{i-j}$——工作 $i-j$ 的工程量；
$\quad S$——产量定额，m^3/工日、m^2/工日、T/工日、m^3/台班；
$\quad R$——工人数（机械台班数）；
$\quad H$——时间定额（$H=1/S$）。

(2) 三时估算法。当工作时间不能用定额计算法计算时，便可以采用"三时估算法"，其计算公式是：

$$D_{i-j} = \frac{a + 4m + b}{6} \tag{3-2}$$

式中：D_{i-j}——工作 $i-j$ 的持续时间；
$\quad a$——工作 $i-j$ 的乐观持续时间估计值；
$\quad b$——工作 $i-j$ 的悲观持续时间估计值；
$\quad m$——工作 $i-j$ 的最可能持续时间估计值。

2) 工期

工期泛指完成任务所需要的时间，一般有以下 3 种。

(1) 计算工期：根据网络计划的时间参数计算出来的工期，用 T_c 表示。

(2) 要求工期：任务委托人所要求的工期，用 T_r 表示。

(3) 计划工期：在要求工期和计算工期的基础上综合考虑需要和可能而确定的工期，用 T_p 表示。

(4) 网络计划的计算工期、计划工期的规定：

① 网络计划的计算工期。

当终点节点为 n 时，箭头指向终点节点的所有工作的最早完成时间的最大值即为网络计划的计算工期 T_c，其计算公式为：

$$T_c = \max\{EF_{m-n}\} \tag{3-3}$$

EF 指工作最早开始时间。

② 网络计划的计划工期。

在确定网络计划的计划工期 T_p 时，应按下述规定：

a. 当已规定了要求工期 T_r 时：$T_p \leq T_r$

b. 当未规定要求工期时，可令计划工期等于计算工期：$T_p = T_c$

3) 工作的最早开始时间

工作最早时间包括工作最早开始时间和工作最早完成时间两个时间参数。

最早开始时间：是指在紧前工作的约束条件下，本工作可能开始的最早时刻，用 ES_{i-j}（Earliest Starting Time）表示。

最早完成时间：是指在紧前工作的约束条件下，本工作可能完成的最早时刻，用 EF_{i-j}（Earliest Finishing Time）表示。

工作 $i-j$ 的最早开始时间 ES_{i-j} 应从网络计划的起点节点开始，顺着箭线方向逐项计算，并符合下列规定：

(1) 没有紧前工作的工作 $i-j$（以起点节点为箭尾节点的工作），当未规定其最早开始时间 ES_{i-j} 时，其值应等于 0，即 $ES_{i-j} = 0$

(2) 有紧前工作的工作 $i-j$，当工作 $i-j$ 只有一项紧前工作 $h-i$ 时，其最早开始时间 ES_{i-j}

为:
$$ES_{i-j} = ES_{h-i} + D_{h-i} \tag{3-4}$$

式中：ES_{h-i}——工作 $i-j$ 的紧前工作 $h-i$ 的最早开始时间；

D_{h-i}——工作 $i-j$ 的紧前工作 $h-i$ 的持续时间。

（3）当工作 $i-j$ 有多项紧前工作时，其最早开始时间 ES_{i-j} 应为：
$$ES_{i-j} = \max\{ES_{h-i} + D_{h-i}\} \tag{3-5}$$

工作 $i-j$ 的最早完成时间 EF_{i-j} 应按下式计算：
$$EF_{i-j} = ES_{i-j} + D_{i-j} \tag{3-6}$$

式中：EF_{i-j}——工作 $i-j$ 的最早完成时间，如图 3-15 所示。

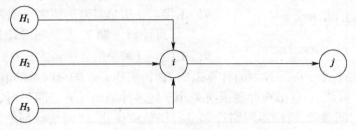

图 3-15 最早完成时间示意

4）工作最迟时间

工作最迟时间包括工作最迟开始时间和工作最迟完成时间两个时间参数（图 3-16）。

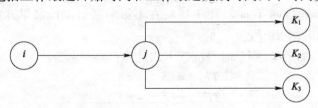

图 3-16 工作最迟时间示意

最迟开始时间：是指在不影响整个任务按期完成的前提下，本工作最迟必须开始的时刻，用 LS_{i-j}（Latest Starting Time）表示。

最迟完成时间：是指在不影响整个任务按期完成的前提下，本工作最迟必须完成的时刻，用 LF_{i-j}（Latest Finishing Time）表示。

工作 $i-j$ 的最迟完成时间 LF_{i-j} 应从网络计划的终点节点开始，逆着箭线方向逐项计算，并符合下列规定：

（1）没有紧后工作的工作 m-n（以终点节点为箭头节点的工作），其最迟完成时间 LF_{m-n} 应按网络计划的计划工期 T_p 确定，即 $LF_{m-n} = T_p$。

（2）有紧后工作的工作，当工作 $i-j$ 只有一项紧后工作 $j-k$ 时，其最迟完成时间 LF_{i-j} 为：
$$LF_{i-j} = LF_{j-k} - D_{j-k} \tag{3-7}$$

式中：LF_{j-k}——工作 $i-j$ 的紧后工作 $j-k$ 的最迟完成时间；

D_{j-k}——工作 $i-j$ 的紧后工作 $j-k$ 的持续时间。

（3）当工作 $i-j$ 有多项紧后工作 $j-k$ 时，其最迟必须完成时间 LF_{i-j} 应为：
$$LF_{i-j} = \min\{LF_{j-k} - D_{j-k}\} \tag{3-8}$$

工作 $i-j$ 的最迟必须开始时间 LS_{i-j} 应按下式计算：
$$LS_{i-j} = LF_{i-j} - D_{i-j} \tag{3-9}$$

式中：LS_{i-j}——工作 $i-j$ 的最迟开始时间。

5）工作的时差

工作的时差包括总时差、自由时差等（图 3-17）。

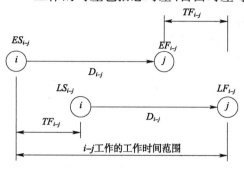

图 3-17 工作的各种时差

（1）总时差（Total Float Time）：在不影响总工期的前提下，本工作可以利用的机动时间，用 TF_{i-j} 表示。

总时差的计算结果，因计划工期的取值不同会出现下列 3 种情形。

①当计划工期 T_p 等于网络计划的计算工期 T_c 时，工作 $i-j$ 的总时差的值大于或等于 0。

②当计划工期 T_p 大于网络计划的计算工期 T_c 时，工作 $i-j$ 的总时差的值大于 0。

③当计划工期 T_p 小于网络计划的计算工期 T_c 时，工作 $i-j$ 的总时差的值可能大于或等于 0，也可能小于 0。但是，一旦出现计划工期 T_p 小于网络计划的计算工期 T_c 时，一般无须计算该网络计划的其他时间参数，而应对网络计划进行调整或优化，使网络计划的计算工期 T_c 小于计划工期 T_p。

工作 $i-j$ 的总时差不但属于 $i-j$ 工作本身，而且与紧后工作都有关系，它为一条线路或线路段所共有。

（2）自由时差（Free Float Time）（图 3-18）：在不影响紧后工作最早开始时间的前提下，本工作可以利用的机动时间，用 FF_{i-j} 表示。

根据总时差 TF_{i-j} 的定义，则总时差应按下式计算：

$$TF_{i-j} = LS_{i-j} - ES_{i-j} \tag{3-10}$$

或

$$TF_{i-j} = LF_{i-j} - EF_{i-j} \tag{3-11}$$

根据自由时差 FF_{i-j} 的定义，当工作 $i-j$ 有紧后工作 $j-k$ 时，其自由时差应按下式计算：

$$FF_{i-j} = ES_{j-k} - EF_{i-j} \tag{3-12}$$

式中：ES_{j-k}——工作 $i-j$ 的紧后工作 $j-k$ 的最早开始时间。

当工作 m-n 没有紧后工作时，其自由时差应按网络计划的计划工期 T_p 确定，即：

$$FF_{m-n} = T_p - EF_{m-n} \tag{3-13}$$

由总时差和自由时差的定义可知，自由时差小于或等于总时差。

工作 $i-j$ 的自由时差属于 $i-j$ 工作本身，利用自由时差对其紧后工作的最早开始时间没有影响。

按工作计算法计算工作时间参数，其计算结果按图 3-19 所示标注。

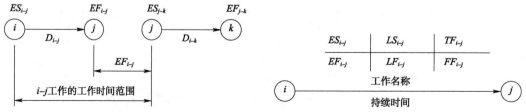

图 3-18 工作的自由时差　　　3-19 工作计算法进行工作时间参数计算的表示方法

虚工作必须视同工作进行计算，其持续时间为零。

【例 3-2】已知网络计划的资料如表 3-3 所示，(1)试绘制双代号网络计划；若计划工期等于计算工期,试计算各项工作的 6 个时间参数并确定关键线路,标注在网络计划上。(2)计算各项工作的时间参数,并将计算结果标注在箭线上方相应的位置。

某网络计划资料　　　　　　　　　　表3-3

工作名称	A	B	C	D	E	F	H	G
紧前工作	—	—	B	B	A、C	A、C	D、F	D、E、F
持续时间(d)	4	2	3	3	5	6	5	3

计算各项工作的最早开始时间和最早完成时间,从起点节点(①节点)开始顺着箭线方向依次逐项计算到终点节点(⑥节点)。

(1)以网络计划起点节点为开始节点的各工作的最早开始时间为0。

$$ES_{1-2} = ES_{1-3} = 0$$

(2)计算各项工作的最早开始时间和最早完成时间。

$EF_{1-2} = ES_{1-2} + D_{1-2} = 0 + 2 = 2$

$EF_{1-3} = ES_{1-3} + D_{1-3} = 0 + 4 = 4$

$ES_{2-3} = ES_{2-4} + EF_{1-2} = 2$

$EF_{2-3} = ES_{2-3} + D_{2-3} = 2 + 3 = 5$

$EF_{2-4} = ES_{2-4} + D_{2-4} = 2 + 3 + 5$

$ES_{3-4} = ES_{3-5} = \max[EF_{1-3}, EF_{2-3}] = \max[4, 5] = 5$

$EF_{3-4} = ES_{3-4} + D_{3-4} = 5 + 6 = 11$

$EF_{3-5} = ES_{3-5} + D_{3-5} = 5 + 5 = 10$

$ES_{4-6} = ES_{4-5} + \max[ES_{3-4}, EF_{2-4}] = \max[11, 5] = 11$

$ES_{4-6} = ES_{4-6} + D_{4-6} = 11 + 5 = 16$

$EF_{4-5} = 11 + 0 = 11$

$ES_{5-6} = \max[EF_{3-5}, EF_{4-5}] = \max[10, 11] = 11$

$ES_{5-6} = 11 + 3 = 14$

$LS_{2-4} = LF_{2-4} - D_{2-4} = 11 - 3 = 8$

$LS_{3-4} = LF_{3-4} - D_{3-4} = 11 - 6 = 5$

$LF_{1-3} = LF_{2-3} = \min[LS_{3-4}, LS_{3-5}] = \min[5, 8] = 5$

$LS_{1-3} = LF_{1-3} - D_{1-3} = 5 - 4 = 1$

$LS_{2-3} = LF_{2-3} - D_{2-3} = 5 - 3 = 2$

$LF_{1-2} = \min[LS_{2-3}, LS_{2-4}] = \min[2, 8] = 2$

$LS_{1-2} = LF_{1-2} - D_{1-2} = 2 - 2 = 0$

(3)计算各项工作的总时差。

$TF_{i-j} = LS_{1-2} - ES_{1-2} = 0 - 0 = 0$

或:$TF_{1-2} = LF_{1-2} - EF_{1-2} = 2 - 2 = 0$

$TF_{1-3} = LS_{1-3} - ES_{1-3} = 1 - 0 = 1$

$TF_{2-3} = LS_{2-3} - ES_{2-3} = 2 - 2 = 0$

$TF_{2-4} = LS_{2-4} - ES_{2-4} = 8 - 2 = 6$

$TF_{3-4} = LS_{3-4} - ES_{3-4} = 5 - 5 = 0$

$TF_{3-5} = LS_{3-5} - ES_{3-5} = 8 - 5 = 3$

$TF_{4-6} = LS_{4-6} - ES_{4-6} = 11 - 11 = 0$
$TF_{5-6} = LS_{5-6} - ES_{5-6} = 13 - 11 = 2$

（4）计算各项工作的自由时差。
$FF_{1-2} = ES_{2-3} - EF_{1-2} = 2 - 2 = 0$
$FF_{1-3} = ES_{3-4} - EF_{1-3} = 5 - 4 = 1$
$FF_{2-3} = ES_{3-5} - EF_{2-3} = 5 - 5 = 0$
$FF_{2-4} = ES_{4-6} - EF_{2-4} = 11 - 5 = 6$
$FF_{3-4} = ES_{4-6} - EF_{3-4} = 11 - 11 = 0$
$FF_{3-5} = ES_{5-6} - EF_{3-5} = 11 - 10 = 1$
$FF_{4-6} = T_p - EF_{4-6} = 16 - 16 = 0$
$FF_{5-6} = T_p - EF_{5-6} = 16 - 14 = 2$

最终结果如图3-20所示。

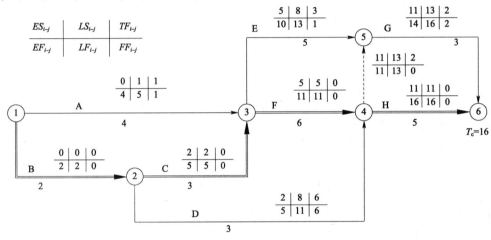

图3-20 双代号网络计划计算实例

6）关键线路及关键工作

（1）关键工作是指网络计划中总时差最小的工作。

①当计划工期T_p等于网络计划的计算工期T_c时，总时差的值等于0的工作为关键工作。

②当计划工期T_p大于网络计划的计算工期T_c时，总时差的值大于0且其值最小的工作为关键工作。

③当计划工期T_p小于网络计划的计算工期T_c时，总时差的值小于0且其值最小（负总时差的绝对值最大）的工作为关键工作。

（2）关键线路是指网络计划中总的工作持续时间最长的线路。关键线路中包含的工作均是关键工作，但并不是关键工作都含在关键线路中。

（3）网络计划中的关键线路一般用粗线、双线或者彩色线标注。

如【例3-1】中，确定的关键工作和关键线路如图3-21所示。

2. 利用二时标注法求双代号网络图时间参数

为使网络计划的图面更加简洁，在双代号网络计划中，除各项工作的持续时间以外，通常只需标注两个最基本的时间参数——节点的最早时间和最迟时间即可，而各项工作的时间参数均可根据节点的最早时间和最迟时间及持续时间导出。这种方法称为二时标注法，如图3-22所示。

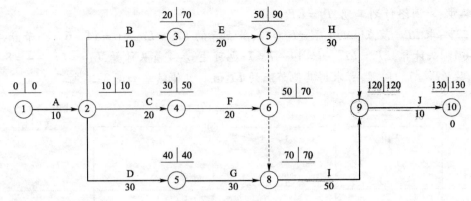

图 3-21 关键工作和关键线路

以下为二时标注法的计算步骤：

1）计算节点的最早时间和最迟时间

（1）计算节点的最早时间。节点最早时间的计算应从网络计划的起点节点开始，其计算步骤如下：

①网络计划起点节点，如未规定最早时间时，其值等于零，即 $ET_1 = 0$。

②其他节点的最早时间按"顺箭头相加,箭头相碰取大值"计算：

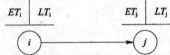

图 3-22 节点时间参数的标注方式

$$ET_j = \max\{ET_i + D_{i-j}\} \tag{3-14}$$

③网络计划的计算工期等于网络计划终点节点的最早时间，即：

$$T_c = ET_n \tag{3-15}$$

式中：ET_n——网络计划终点节点 n 的最早时间。

（2）计算节点的最迟时间。节点最迟时间的计算应从网络计划的终点节点开始，其计算步骤如下：

①网络计划终点节点的最迟时间等于网络计划的计划工期即：

$$LT_n = T_p \tag{3-16}$$

②其他节点的最迟时间按"逆箭头相减,箭尾相碰取小值"计算：

$$LT_i = \min\{LT_j - D_{i-j}\} \tag{3-17}$$

【例 3-3】某网络计划见图 3-23，试用二时标注法进行计算节点的最早时间和最迟时间。

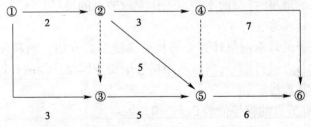

图 3-23 网络图

分析：先确定节点时间的两个参数（即：节点最早开始时间和节点最迟结束时间）

第一步：求 ET。节点①$ET_1 = 0$；节点②的 $ET_2 = ET_1 + 2 = 0 + 2 = 2$；节点③的 ET_3 可顺①-③箭头计算 $ET_3 = ET_1 + 3 = 0 + 3 = 3$；也可顺②-③箭头计算 $ET_3 = ET_2 + 2 = 2 + 0 = 2$；两者相比，取大值，故 $ET_3 = 3$。同理，可求得其他节点的 ET 值。

第二步:求网络计划工期,$T_p = ET_6 = 14$

第三步:求 LT。节点⑥的 $LT_6 = T_p = 14$;节点⑤的 $LT_5 = LT_6 - 6 = 14 - 6 = 8$;节点④的 LT_4 可逆⑥-④箭头计算,$LT_4 = LT_6 - 7 = 14 - 7 = 7$;也可逆⑤-④箭头计算,$LT_4 = LT_5 - 4 = 8 - 0 = 8$;取小值,故 $LT_4 = 7$。同理,可求得其他节点的 LT 值。具体结果如图3-24所示。

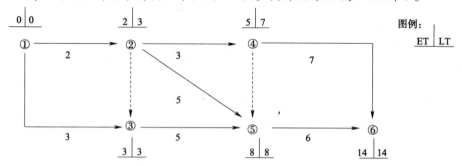

图3-24 节点参数计算结果图

2)由节点时间计算工作 $i-j$ 的时间参数

(1)工作 $i-j$ 的最早开始时间 ES_{i-j} 等于该工作开始节点的最早时间:
$$ES_{i-j} = ET_i$$

(2)工作 $i-j$ 的最早完成时间 EF_{i-j} 等于该工作开始节点的最早时间与其持续时间之和:
$$EF_{i-j} = ET_i + D_{i-j}$$

(3)工作 $i-j$ 的最迟完成时间等于该工作完成节点的最迟时间:
$$LF_{i-j} = LT_j$$

(4)工作 $i-j$ 的最迟开始时间 LS_{i-j} 等于该工作完成节点的最迟时间与其持续时间之差:
$$LS_{i-j} = LT_j - D_{i-j}$$

(5)工作 $i-j$ 的总时差 TF_{i-j} 等于该工作完成节点的最迟时间减去该工作开始节点的最早时间所得差值再减其持续时间:
$$TF_{i-j} = LT_j - ET_i - D_{i-j}$$

(6)工作 $i-j$ 的自由时差 FF_{i-j} 等于该工作完成节点的最早时间减去该工作开始节点的最早时间所得差值再减其持续时间:
$$FF_{i-j} = ET_j - ET_i - D_{i-j}$$

特别需要注意的是,如果本工作与其各紧后工作之间存在虚工作时,其中的 ET_j 应为本工作紧后工作开始节点的最早时间,而不是本工作完成节点的最早时间。

3. 标号法求解关键线路

标号法是一种快速的寻求网络计算工期和关键线路的方法。它利用节点法的基本原理,对网络计划中的每个节点进行编号,然后利用标号值确定网络计划的计算工期和关键线路。

下面是标号法的计算过程:

(1)网络计划起点节点的标号值为 $0(b_1 = 0)$。

(2)网络计划其他节点的标号值等于以该节点为完成节点的各项工作的开始节点标号值加上其持续时间所得之和的最大值,即公式(3-18):
$$b_j = \max\{b_i + D_{i-j}\} \tag{3-18}$$

式中:b_j——工作 $i-j$ 的完成节点 j 的标号值;

b_i——工作 $i-j$ 的开始节点 i 的标号值;

D_{i-j}——工作 $i-j$ 的持续时间。

(3)对其他节点进行双标号(源节点、标号值),源节点就是确定本节点标号值的节点,如果源节点有多个,应将所有源节点标出。

(4)网络计划的计算工期就是网络计划终点节点的标号值。

(5)关键线路应从终点节点开始,逆着箭线,跟踪源节点即可。

【例3-4】某网络计划如图3-25所示。

分析:节点①,为起始节点,其标号值 $b_1=0$,没有源节点,故节点①的双标号为(0,0);

节点②,有1个源节点,其标号值 $b_2=0+5=5$;这个值来源于节点①,故节点②的双标号为(①,5);

节点③,有2个源节点;若来源于节点①,节点③的标号值 $b_3=0+2=2$;若来源于节点②,节点③的标号值 $b_3=5+3=8$;取大值,故节点③的双标号为(②,8)。

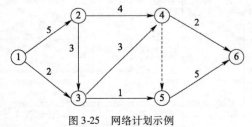

图3-25 网络计划示例

同理,可求得其他节点的标号值。如图3-26a)所示。

由此可见,网络计划的计算工期为16d。关键线路为:⑥→⑤→④→③→②→①,结果如图3-26b)所示。

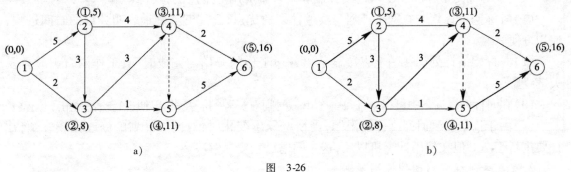

图 3-26

【知识链接】

1. 确定关键线路和关键工作的几点注意

在双代号网络计划中,关键线路上的节点称为关键节点。关键工作两端的节点必为关键节点,但两端为关键节点的工作不一定是关键工作。

关键节点的最迟时间与最早时间的差值最小。

当利用关键节点判别关键线路和关键工作时,还要满足下列判别式:

$$ET_i + D_{i-j} = ET_j$$
$$LT_i + D_{i-j} = LT_j$$

如果两个关键节点之间的工作符合上述判别式,则该工作必然为关键工作,它应该在关键线路上。否则,该工作就不是关键工作,关键线路也就不会从此处通过。

2. 关键节点的特性

在双代号网络计划中,当计划工期等于计算工期时,关键节点具有以下一些特性,掌握好这些特性,有助于确定工作的时间参数。

(1)开始节点和完成节点均为关键节点的工作,不一定是关键工作。

(2)以关键节点为完成节点的工作,其总时差和自由时差必然相等。

四、双代号时标网络计划

双代号时标网络计划是以水平时间坐标为尺度编制的双代号网络计划(图 3-27)。

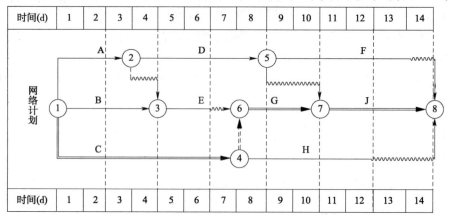

图 3-27　双代号时标网络计划

1. 双代号时标网络计划的特点

双代号时标网络计划在工程进度控制和管理中应用非常广泛,其特点是:

(1)时标网络计划兼有网络计划与横道计划的优点,它能够清楚地表明计划的时间进程,使用方便。

(2)时标网络计划能在图上直接显示出各项工作的开始与完成时间,工作的自由时差及关键线路。

(3)在时标网络计划中可以统计每一个单位时间对资源的需要量,以便进行资源优化和调整。

(4)由于箭线受到时间坐标的限制,当情况发生变化时,对网络计划的修改比较麻烦,往往要重新绘图。但在使用计算机以后,这一问题已较容易解决。

2. 双代号时标网络图的绘图规则

(1)时间坐标的时间单位应根据需要在编制网络计划之前确定,可为季、月、周、天等。

(2)时标网络计划应以实箭线表示工作,以虚箭线表示虚工作,以波形线表示工作的自由时差。

(3)时标网络计划中所有符号在时间坐标上的水平投影位置,都必须与其时间参数相对应。节点中心必须对准相应的时标位置。

(4)虚工作必须以垂直方向的虚箭线表示,有自由时差时加波形线表示。

3. 双代号网络图的绘制方法

时标网络计划宜按各个工作的最早开始时间编制。在编制时标网络计划之前,应先按已确定的时间单位绘制出时标计划表,如图 3-28 所示。

日历 (时间单位)	1	2	3	4	5	6	7	8	9	10	11	12	13	14	15	16
网络计划																
(时间单位)																

图 3-28　时标计划表

双代号时标网络计划的编制方法有两种：

1）间接法绘制

先绘制出标时网络计划，计算各工作的最早时间参数，再根据最早时间参数在时标计划表上确定节点位置，连线完成。某些工作箭线长度不足以到达该工作的完成节点时，用波形线补齐。

2）直接法绘制

根据网络计划中工作之间的逻辑关系及各工作的持续时间，直接在时标计划表上绘制时标网络计划。绘制步骤如下：

（1）将起点节点定位在时标表的起始刻度线上。

（2）按工作持续时间在时标计划表上绘制起点节点的外向箭线。

（3）其他工作的开始节点必须在其所有紧前工作都绘出以后，定位在这些紧前工作最早完成时间最大值的时间刻度上。某些工作的箭线长度不足以到达该节点时，用波形线补齐，箭头画在波形线与节点连接处。

（4）用上述方法从左至右依次确定其他节点位置，直至网络计划终点节点定位，绘图完成。

【例 3-5】已知网络计划的资料如表 3-4 所示，试用绘制双代号时标网络计划。

某网络计划资料　　　　　　　　　表 3-4

工作名称	A	B	C	D	E	F	G	H	J
紧前工作	—	—	—	A	A、B	D	C、E	C	D、G
持续时间(d)	3	4	7	5	2	5	3	5	4

（1）将网络计划的起点节点定位在时标表的起始刻度线上位置上，起点节点的编号为 1。

（2）画节点①的外向箭线，即按各工作的持续时间，画出无紧前工作的 A、B、C 工作，并确定节点②、③、④的位置。

（3）依次画出节点②、③、④的外向箭线工作 D、E、H，并确定节点⑤、⑥的位置。节点⑥的位置定位在其两条内向箭线的最早完成时间的最大值处，即定位在时标值 7 的位置，工作 E 的箭线长度达不到⑥节点，则用波形线补足。

（4）按上述步骤，直到画出全部工作，确定出终点节点⑧的位置，时标网络计划绘制完毕，如图 3-29 所示。

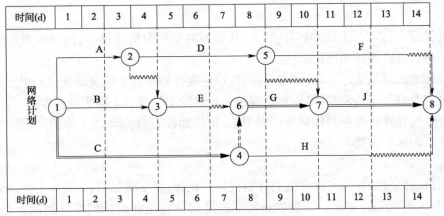

图 3-29　双代号时标网络计划

4. 计算时标网络计划的关键线路和计算工期的确定

(1) 时标网络计划关键线路的确定,应自终点节点逆箭线方向朝起点节点逐次进行判定:从终点到起点不出现波形线的线路即为关键线路。图 3-29 中,关键线路是:① - ④ - ⑥ - ⑦ - ⑧,用双箭线表示。

(2) 时标网络计划的计算工期,应是终点节点与起点节点所在位置之差。图 3-29 中,计算工期 = 14 - 0 = 14(d)。

5. 双代号时标网络图的时间参数计算

在时标网络计划中,6 个工作时间参数确定步骤如下。

(1) 最早时间参数的确定。按最早开始时间绘制时标网络计划,最早时间参数可以从图 3-29 上直接确定。

① 最早开始时间 ES_{i-j}。每条实箭线左端箭尾节点(i 节点)中心对应的时标值,即为该工作的最早开始时间。

② 最早完成时间 EF_{i-j}。如箭线右端无波形线,则实箭线右端节点(j 节点)中心所对应的时标值为该工作的最早完成时间;如箭线右端有波形线,则实箭线右端末所对应的时标值即为该工作的最早完成时间。

由图 3-29 可知:$ES_{1-3} = 0$,$EF_{1-3} = 4$,$ES_{3-6} = 4$,$EF_{3-6} = 6$,以此类推确定。

(2) 自由时差的确定。时标网络计划中各工作的自由时差值应为该工作的箭线中波形线部分在坐标轴上的水平投影长度。

如图 3-29 可知:工作 E、H、F 的自由时差分别为:$FF_{3-6} = 1$,$FF_{4-8} = 2$,$FF_{5-8} = 1$。

(3) 总时差的确定。时标网络计划中的工作的总时差的计算应自右向左进行,且符合下列规定:

以终点节点($j = n$)为箭头节点的工作的总时差 TF_{i-n} 应按网络计划的计划工期 T_p 计算确定,即:

$$TF_{i-n} = T_p - EF_{i-n} \tag{3-19}$$

由图 3-29 可知,工作 F、J、H 的总时差分别为:

$$TF_{5-6} = T_p - EF_{5-8} = 14 - 13 = 1$$
$$TF_{7-8} = T_p - EF_{7-8} = 14 - 14 = 0$$

6. 时标网络计划在进度控制中的应用(前锋线检查法)

1) 定义

所谓前锋线,是指在原时标网络计划上,从检查时刻的时标点出发,用点画线依次将各项工作实际进展位置点连接而成的折线。

前锋线比较法就是通过实际进度前锋线与原进度计划中各工作箭线交点的位置来判断工作实际进度与计划进度的偏差,进而判定该偏差对后续工作及总工期影响程度的一种方法。

实际进度前锋线是指在时标网络计划图上,将计划检查时刻各项工作的实际进度所达到的前锋点连接而成的折线。

2) 操作步骤

采用前锋线比较法进行实际进度与计划进度的比较,其步骤如下。

(1) 绘制时标网络计划图。工程项目实际进度前锋线是在时标网络计划图上标示,为清楚起见,可在时标网络计划图的上方和下方各设一时间坐标。

(2)绘制实际进度前锋线。一般从时标网络计划图上方时间坐标的检查日期开始绘制,依次连接相邻工作的实际进展位置点,最后与时标网络计划图下方坐标的检查日期相连接。

工作实际进展位置点的标定方法有两种:

①按该工作已完成任务量比例进行标定。假设工程项目中各项工作均为匀速进展,根据实际进度检查时刻该工作已完成任务量占其计划完成总任务量的比例,在工作箭线上从左至右按相同的比例标定其实际进展位置点。

②按尚需作业时间进行标定。当某些工作的持续时间难以按实物工程量来计算而只能凭经验估算时,可以先估算出检查时刻到该工作全部完成尚需作业的时间,然后在该工作箭线上从右向左逆向标定其实际进展位置点。

(3)进行实际进度与计划进度的比较。前锋线可以直观地反映出检查日期有关工作实际进度与计划进度之间的关系。对某项工作来说,其实际进度与计划进度之间的关系可能存在以下3种情况。

①工作实际进展位置点落在检查日期的左侧,表明该工作实际进度拖后,拖后的时间为二者之差。

②工作实际进展位置点与检查日期重合,表明该工作实际进度与计划进度一致。

③工作实际进展位置点落在检查日期的右侧,表明该工作实际进度超前,超前的时间为二者之差。

(4)预测进度偏差对后续工作及总工期的影响。通过实际进度与计划进度的比较确定进度偏差后,还可根据工作的自由时差和总时差预测该进度偏差对后续工作及项目总工期的影响。

【例3-6】某工程网络计划如图3-30所示,在第6天检查时,A工作已经完成,B工作已进行4d,C工作已进行5d,D工作已进行3d,其他工作均未开始。

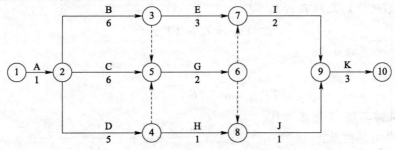

图3-30 某工程网络计划

问题:

(1)根据上述检查情况,在时标网络计划图上标出实际进度前锋线。(2)把检查结果填入检查分析表内。(3)分析进度偏差的影响。

(1)实际进度前锋线如图3-31所示。

关键线路的确定:自终点节点逆箭线方向朝起点节点观察,自始至终不出现波形线的线路为关键线路。则由工作A、B、E、I、K关键工作所组成的线路为关键线路。

工作的自由时差值为波形线部分在坐标轴上的水平投影长度。④—⑤工作的自由时差为1d,④—⑧工作的自由时差为2d,⑥—⑦工作的自由时差为1d,⑧—⑨工作的自由时差为2d。时标网络计划的计算工期,是终点节点与起点节点所在位置的时标值之差。起点节点①

和终点节点⑩的时标值之差为15d,即网络计划的计算工期 T_p 为15d。

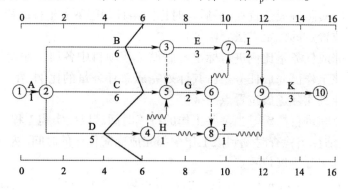

图 3-31 实际进度前锋线

(2)检查结果如表3-5所示。

各工作进行进度检查情况表　　　　表 3-5

工作代号	工作名称	检查计划时尚需作业天数 ①	到计划最迟完成时尚有天数 ②	原有总时差 ③	尚有总时差 ②-①	情况判断
2-3	B	6-4=2	7-6=1	0	1-2=-1	影响工期1d
2-5	C	6-5=1	8-6=2	1	2-1=1	正常
2-4	D	5-3=2	8-6=2	2	2-2=0	正常

①检查计划时尚需作业天数 = 工作的持续时间 - 工作检查时已进行的时间

②工作总时差的计算应自右向左进行:以终点节点($j=n$)为箭头节点的工作的总时差 TF_{i-j} 按网络计划的计划工期 T_p 计算,即:

$$TF_{i-n} = T_p - EF_{i-n} \tag{3-20}$$

K工作的总时差为0。

其他工作的总时差为:

$$TF_{i-j} = \min\{TF_{j-k} + FF_{i-j}\} \tag{3-21}$$

B工作为关键工作,总时差为0。

计算C工作的总时差:

⑥—⑦工作的总时差为 0+1=1d

⑧—⑨工作的总时差为 0+2=2d

⑥—⑧工作的总时差为 2+0=2d

⑤—⑥工作的总时差为 min{1+0,2+0}=1d

C工作的总时差为 1+0=1d

③到计划最迟完成时尚有天数的计算。

工作的最迟完成时间为:

$$LF_{i-j} = EF_{i-j} + TF_{i-j} \tag{3-22}$$

B工作为关键工作,最迟完成时间为 7+0=7d

C工作的最迟完成时间为 7+1=8d

D工作的最迟完成时间为 6+2=8d

到计划最迟完成时尚有天数 = 工作的最迟完成时间 - 工作检查时间
B 工作尚有天数 7 - 6 = 1d
C 工作尚有天数 8 - 6 = 2d
D 工作尚有天数 8 - 6 = 2d
④尚有总时差的计算。

尚有总时差 = 到计划最迟完成时尚有天数 - 检查计划时尚需作业天数

(3) 对进度的影响。若拖延的时间超过工作的自由时差,则对后续工作产生影响,如果后续工作又是关键工作的话,拖延时间超过其总时差,则超过总时差几天总工期就拖延几天。

【练习1】请把下列双代号网络图(图3-32)改为时标双代号网络计划。

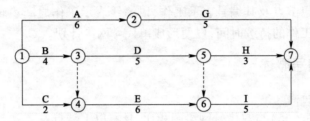

图3-32 双代号网络图

【练习2】已知某分部工程施工网络计划图,第4天下班检查时各工作进度情况如图3-33所示,试分析C、D、E、F 4项工作的进度情况及对总工期的影响。

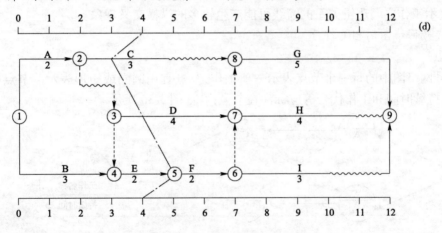

图3-33 某分部工程施工网络计划

【练习3】根据下面的双代号网络计划图(图3-34),请将其绘制成时标网络进度计划。(单位:d)

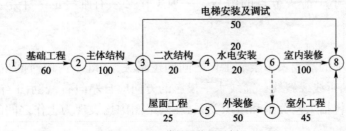

图3-34 双代号网络图示例

学习任务二　单代号网络计划

> 1. 单代号网络计划如何编制，要素是什么，时间参数如何计算，关键线路如何确定？
> 2. 单代号搭接网络计划如何编制？

单代号网络图是以节点及其编号表示工作，以箭线表示工作之间逻辑关系的网络图。在单代号网络图中加注工作的持续时间，以便形成单代号网络计划。

一、单代号网络号概述

1. 单代号网络图特点

单代号网络图(图 3-35)与双代号网络图相比，具有以下特点：

(1)工作之间的逻辑关系容易表达，且不用虚箭线，故绘图较简单。

(2)网络图便于检查和修改。

(3)由于工作的持续时间表示在节点之中，没有长度，故不够形象直观。

(4)表示工作之间逻辑关系的箭线可能产生较多的纵横交叉现象。

2. 单代号网络图的相关符号

1)节点

单代号网络图中的每一个节点表示一项工作，节点宜用圆圈或矩形表示。节点所表示的工作名称、持续时间和工作代号等应标注在节点内，如图 3-36 所示。

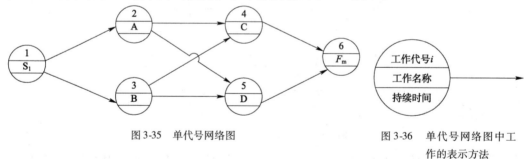

图 3-35　单代号网络图　　　　图 3-36　单代号网络图中工作的表示方法

单代号网络图中的节点必须编号。编号标注在节点内，其号码可间断，但严禁重复。箭线的箭尾节点编号应小于箭头节点的编号。一项工作必须有唯一的一个节点及相应的一个编号。

2)箭线

单代号网络图中的箭线表示紧邻工作之间的逻辑关系，既不占用时间也不消耗资源。箭线应画成水平直线、折线或斜线。箭线水平投影的方向应自左向右，表示工作的行进方向。工作之间的逻辑关系包括工艺关系和组织关系，在网络图中均表现为工作之间的先后顺序。

3)线路

单代号网络图中，各条线路应用该线路上的节点编号从小到大依次表述。

3. 单代号网络图的绘制规则

(1)单代号网络图必须正确表达已定的逻辑关系。

(2)单代号网络图中,严禁出现循环回路。

(3)单代号网络图中,严禁出现双向箭头或无箭头的连线。

(4)单代号网络图中,严禁出现没有箭尾节点的箭线和没有箭头节点的箭线。

(5)绘制网络图时,箭线不宜交叉,当交叉不可避免时,可采用过桥法或指向法绘制。

(6)单代号网络图只应有一个起点节点和一个终点节点;当网络图中有多项起点节点或多项终点节点时,应在网络图的两端分别设置一项虚工作,作为该网络图的起点节点和终点节点,如图3-37所示。

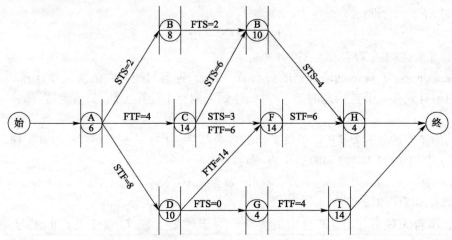

图3-37 添加了"起点"和"终点"的单代号网络图

4. 单代号网络计划的时间参数计算

单代号网络计划时间参数的计算应在确定各项工作的持续时间之后进行。时间参数的计算顺序和计算方法基本上与双代号网络计划时间参数的计算相同。单代号网络计划时间参数的标注形式如图3-38所示。

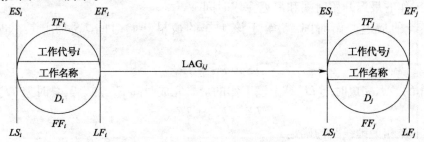

图3-38 单代号网络计划时间参数的标注形式

单代号网络计划的6个时间参数与双代号网络一致,其计算步骤如下:

1)计算最早开始时间和最早完成时间

网络计划中各项工作的最早开始时间和最早完成时间的计算应从网络计划的起点节点开始,顺着箭线方向依次逐项计算。

(1)网络计划的起点节点的最早开始时间为零。如起点节点的编号为1,则 $ES_i = 0$ ($=1$)。

(2)工作的最早完成时间等于该工作的最早开始时间加上其持续时间: $ES_i = ES_j + D_i$。

(3) 工作的最早开始时间等于该工作的各个紧前工作的最早完成时间的最大值。如工作的紧前工作的代号为 i，则

$$ES_j = \max(ES_i) \tag{3-23a}$$

或
$$ES_j = \max(ES_i + D_i) \tag{3-23b}$$

式中 ES_i 为工作 j 的各项紧前工作的最早开始时间。

(4) 网络计划的计算工期 T_C 等于网络计划的终点节点 n 的最早完成时间 EF_n，即：

$$T_C = EF_n \tag{3-24}$$

2) 计算相邻两项工作之间的时间间隔 LAG_{ij}

相邻两项工作 i 和 j 之间的时间间隔，等于紧后工作 j 的最早开始时间 ES_j 和本工作的最早完成时间 EF_i 之差，即：

$$\text{LAG}_{ij} = ES_j - EF_i \tag{3-25}$$

3) 计算工作总时差 TF_i

工作的总时差 TF_i 应从网络计划的终点节点开始，逆着箭线方向依次逐项计算。

(1) 网络计划终点节点的总时差 TF_n，如计划工期等于计算工期，其值为零，即：

$$TF_n = 0$$

(2) 其他工作的总时差 TF_i 等于该工作的各个紧后工作 j 的总时差 TF_j 加该工作与其紧后工作之间的时间间隔 LAG_{ij} 之和的最小值，即：

$$TF_i = \min(TF_j + \text{LAG}_{ij}) \tag{3-26}$$

4) 计算工作自由时差 FF_i

(1) 工作若无紧后工作，其自由时差 FF_i 等于计划工期 T_P 减该工作的最早完成时间 EF_n，即：

$$FF_i = T_P - EF_n \tag{3-27}$$

(2) 当工作 i 有紧后工作 j 时，其自由时差 FF_i 等于该工作与其紧后工作之间的时间间隔 LAG_{ij} 最小值，即：

$$FF_j = \min(\text{LAG}_{ij})$$

5) 计算工作的最迟开始时间和最迟完成时间

(1) 工作 i 的最迟开始时间 LS_i 等于该工作的最早开始时间 ES_i 加上其总时差 TF_i 之和，即：

$$LS_i = ES_i + TF_i \tag{3-28}$$

(2) 工作的最迟完成时间 LF_i 等于该工作的最早完成时间 EF_i 加上其总时差 TF_i 之和，即：

$$LF_i = EF_i + TF_i \tag{3-29}$$

6) 关键工作和关键线路的确定

(1) 关键工作：总时差最小的工作是关键工作。

(2) 关键线路的确定按以下规定：从起点节点开始到终点节点均为关键工作，且所有工作的时间间隔为零的线路为关键线路。

【例3-7】已知单代号网络计划如图3-39所示，若计划工期等于计算工期，试计算单代号网络计划的时间参数，将其标注在网络计划上；并用双箭线标示出关键线路。

解：(1) 计算最早开始时间和最早完成时间。

$ES_1 = 0$

$EF_1 = ES_1 + D_1 = 0 + 3 = 3$

$EF_2 = ES_2 + D_2 = 3 + 5 = 8$

$ES_3 = EF_1 = 3$

$EF_3 = ES_3 + D_3 = 3 + 7 = 10$

$ES_4 = EF_2 = 8$

$EF_4 = ES_4 + D_4 = 8 + 4 = 12$

$ES_5 = \max(EF_2, EF_3) = \max(8, 10) = 10$

$EF_5 = ES_5 + D_5 = 10 + 5 = 15$

$ES_6 = \max(EF_4, EF_5) = \max(12, 15) = 15$

$EF_6 = ES_6 + D_6 = 15 + 0 = 15$

已知计划工期等于计算工期,故有 $T_p = T_c = EF_6 = 15$。

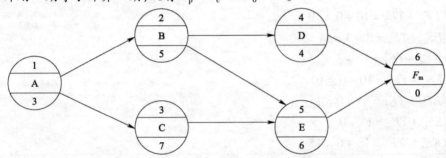

图 3-39 单代号网络计划计算示例

(2) 计算相邻两项工作之间的时间间隔 LAG_{i-j}。

$LAG_{1,2} = ES_2 - EF_1 = 3 - 3 = 0$

$LAG_{1,3} = ES_3 - EF_1 = 3 - 3 = 0$

$LAG_{2,4} = ES_4 - EF_2 = 8 - 8 = 0$

$LAG_{2,5} = ES_5 - EF_2 = 10 - 8 = 2$

$LAG_{3,5} = ES_5 - EF_3 = 10 - 10 = 0$

$LAG_{4,6} = ES_6 - EF_4 = 15 - 12 = 3$

$LAG_{5,6} = ES_6 - EF_5 = 15 - 15 = 0$

(3) 计算工作的总时差 TF_i。

已知计划工期等于计算工期:$T_p = T_c = 15$,故终点节点⑥节点的总时差为零,即

$$TF_6 = 0$$

其他工作总时差为:

$TF_5 = TF_6 + LAG_{5,6} = 0 + 0 = 0$

$TF_4 = TF_6 + LAG_{4,6} = 0 + 3 = 3$

$TF_3 = TF_5 + LAG_{3,5} = 0 + 0 = 0$

$TF_2 = \min[(TF_4 + LAG_{2,4}), (TF_5 + LAG_{2,5})] = \min[(3+0), (0+2)] = 2$

$TF_1 = \min[(TF_2 + LAG_{1,2}), (TF_3 + LAG_{1,3})] = \min[(2+0), (0+0)] = 0$

(4) 计算工作的自由时差 FF_i。

已知计划工期等于计算工期:$T_p = T_c = 15$,故终点节点⑥节点的自由时差为:

$FF_6 = T_P - EF_6 = 15 - 15 = 0$

$FF_5 = LAG_{5,6} = 0$

$FF_4 = LAG_{4,6} = 3$

$FF_3 = LAG_{3,5} = 0$

$FF_2 = \min(LAG_{2,4}, LAG_{2,5}) = \min(0,2) = 0$

$FF_1 = \min(LAG_{1,2}, LAG_{1,3}) = \min(0,0) = 0$

(5)计算工作的最迟开始时间LS_i和最迟完成时间LF_j。

$LS_1 = ES_1 + TF_2 = 0 + 0 = 0$

$LF_1 = EF_1 + TF_1 = 3 + 0 = 3$

$LS_2 = ES_2 + TF_2 = 3 + 2 = 5$

$LF_2 = EF_2 + TF_2 = 8 + 2 = 10$

$LS_3 = ES_3 + TF_3 = 3 + 0 = 3$

$LF_3 = EF_3 + TF_3 = 10 + 0 = 10$

$LS_4 = ES_4 + TF_4 = 8 + 3 = 11$

$LF_4 = EF_4 + TF_4 = 12 + 3 = 15$

$LS_5 = ES_5 + TF_5 = 10 + 0 = 10$

$LF_5 = EF_5 + TF_5 = 15 + 0 = 15$

$LS_6 = ES_6 + TF_6 = 15 + 0 = 15$

$LF_6 = EF_6 + TF_6 = 15 + 0 = 15$

其计算结果如图3-40所示。

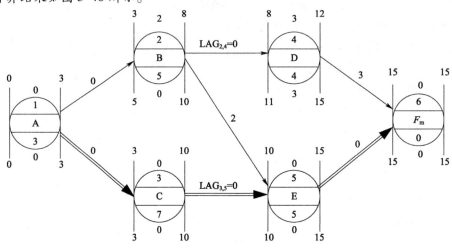

图3-40 单代号网络计划时间参数计算结果

(6)关键工作和关键线路的确定。

根据计算结果,总时差为零的工作:A、C、E为关键工作。

从起点节点①节点开始到终点节点⑥节点均为关键工作,且所有工作之间时间间隔为零的线路:①-③-⑤-⑥为关键线路,用双箭线标示在图3-40中。

二、单代号搭接网络计划

在一般的网络计划(单代号或双代号)中,工作之间的关系只能表示成依次衔接的关系,即任何一项工作都必须在它的紧前工作全部结束后才能开始,也就是必须按照施工工艺顺序和施工组织的先后顺序进行施工。但是在实际施工过程中,有时为了缩短工期,许多工作需要采取平行搭接的方式进行。对于这种情况,如果用双代号网络图来表示这种搭接关系,使用起来将非常不方便,需要增加很多工作数量和虚箭线。这不仅会增加绘图和计算的工作量,而且还会使图面复杂,不易看懂和控制。例如,浇筑钢筋混凝土柱子施工作业之间的关系分别用双代号网络图和搭接网络图表示,如图 3-41 所示。

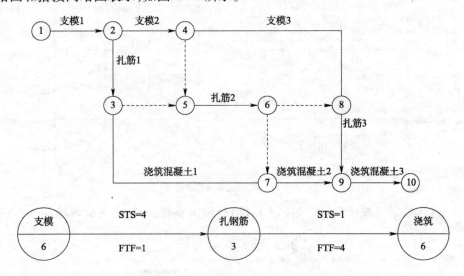

图 3-41 双代号网络图和搭接网络图对比

1. 单代号搭接网络特点和表达方式

(1)搭接网络属单代号网络形式,其不同于一般单代号网络,是指工序之间存在特定搭接关系。

(2)工序之间搭接关系的种类及表达方式(图 3-42)。

①开始到开始——STS(start to start);
②开始到结束——STF(start to finish);
③结束到开始——FTS(finish to start);
④结束到结束——FTF(finish to finish);
⑤混合搭接——STS,FTF。

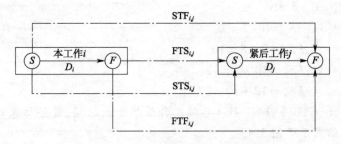

图 3-42 工序之间搭接关系的种类及表达方法

2. 单代号搭接网络时间参数计算

同单代号参数,有 ES、EF、LS、LF、TF、FF、LAG。

(1)计算最早开始时间 ES(顺箭线方向依次计算)(图 3-42)。

①相临时距为 STS,$ES_j = ES_i + STS$;

② 相临时距为 STF，$EF_j = ES_i + STF$；
③ 相临时距为 FTS，$ES_j = EF_i + FTS$；
④ 相临时距为 FTF，$EF_j = EF_i + FTF$。

(2) 最早结束时间参数 EF 同单代号，但要满足搭接条件要求，如图 3-43 所示。

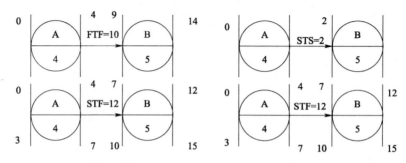

图 3-43 顺箭线方向依次计算

【例 3-8】计算下列搭接网络计划（图 3-44）的时间参数，并确定关键线路和总工期。

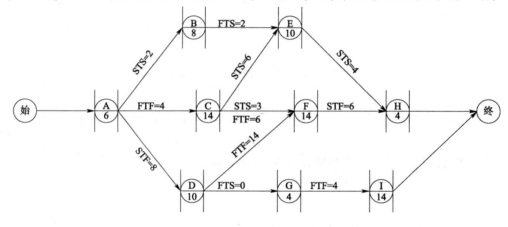

图 3-44 某搭接网络计划

解：(1) 计算时间参数。
如 $ES_A = 0$，$EF_A = 0 + 6 = 6$
因为：STS = 2，所以：$ES_B = 0 + 2 = 2$，
$EF_B = 2 + 8 = 10$
因为：FTS = 2，所以：$ES_E = 10 + 2 = 12$
$EF_E = 12 + 10 = 22$

依次计算完 A、B、C、D、E、F、G、H、I 各项工作最早开始时间、最早结束时间和最迟开始时间、最迟结束时间，结果示于图 3-45。

(2) 计算时间间隔 LAG。
标明时间间隔的网络计划如图 3-46 所示。

(3) 确定关键线路及关键工序。
确定的关键线路及关键工序如图 3-47 所示。

(4) 计算自由时差。
计算自由时差后，标注于图 3-48。

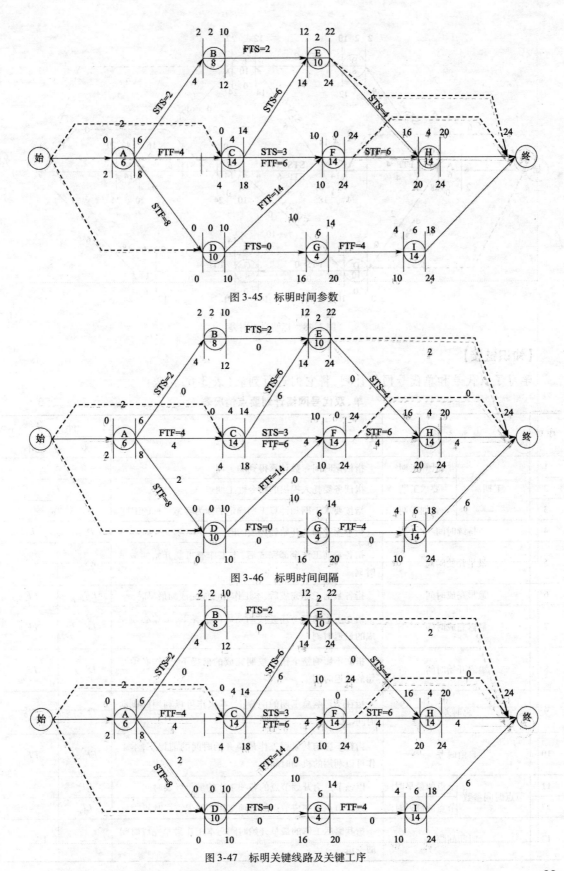

图 3-45 标明时间参数

图 3-46 标明时间间隔

图 3-47 标明关键线路及关键工序

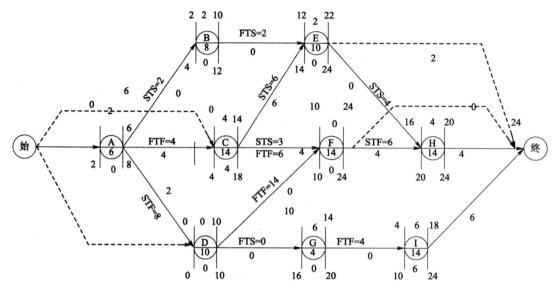

图 3-48 标明自由时差

【知识链接】

学习了双代号和单代号网络计划,将它们进行列表(表 3-6)比较。

单、双代号网络计划要点情况表　　　　表 3-6

序号	参数名称		知识要点	符号	
				双	单
1	工期	计算工期	指根据时间参数计算得到的工期	T_c	
2		要求工期	指任务委托人提出的指令性工期	T_r	
3		计划工期	指按要求工期和计算工期确定的作为实施目标的工期	T_P	
4	持续时间		指一项工作从开始到完成的时间	D_{i-j}	D_i
5	最早开始时间		指各紧前工作全部完成后,本工作有可能开始的最早时刻	ES_{i-j}	ES_i
6	最早完成时间		指各紧前工作完成后,本工作有可能完成的最早时刻	EF_{i-j}	EF_i
7	最迟完成时间		指在不影响整个任务按期完成的前提下,工作必须完成的最迟时刻	LF_{i-j}	LF_i
8	最迟开始时间		指在不影响整个任务按期完成的前提下,工作必须开始的最迟时刻	LS_{i-j}	LS_i
9	总时差		指在不影响总工期的前提下,本工作可以利用的机动时间	TF_{i-j}	TF_i
10	自由时差		指在不影响其紧后工作最早开始时间的前提下,本工作可以利用的机动时间	FF_{i-j}	FF_i
11	节点时间参数	节点的最早时间	以该节点为开始节点的各项工作的最早开始时间	ET_i	—
12		节点的最迟时间	以该节点为完成节点的各项工作的最迟完成时间	LT_j	—
13	时间间隔		指其紧后工作的最早开始时间与本工作最早完成时间的差值	—	LAG_{i-j}

学习任务三　网络计划的优化

1. 什么是网络优化?
2. 网络优化主要有哪几种方式?

网络计划的优化,就是在满足既定的约束条件下,按某一目标,对网络计划进行不断检查、评价、调整和完善,以寻求最优网络计划方案的过程。网络计划的优化有工期优化、费用优化和资源优化3种。费用优化又叫时间—成本优化;资源优化分为资源有限—工期最短的优化和工期固定—资源均衡的优化。

一、工期优化

工期优化是在网络计划的工期不满足要求时,通过压缩计算工期以达到要求工期目标,或在一定约束条件下使工期最短的过程。

(1)在确定需缩短持续时间的关键工作时,应按以下几个方面进行选择。

①缩短持续时间对质量和安全影响不大的工作。

②有充足备用资源的工作。

③缩短持续时间所需增加的工人或材料最少的工作。

④缩短持续时间所需增加的费用最少的工作。

(2)工期优化步骤如下。

①求出计算工期并找出关键线路及关键工作。

②按要求工期计算出工期应缩短的时间目标 ΔT:

$$\Delta T = T_c - T_r \tag{3-30}$$

式中:T_c——计算工期;

T_r——要求工期。

③确定各关键工作能缩短的持续时间。

④将应优先缩短的关键工作压缩至最短持续时间,并找出新关键线路。若此时被压缩的工作变成了非关键工作,则应将其持续时间延长,使之仍为关键工作。

⑤若计算工期仍超过要求工期,则重复以上步骤,直到满足工期要求或工期已不能再缩短为止。

【例3-9】已知网络计划如图3-49所示,箭线下方括号外为正常持续时间,括号内为最短工作历时,假定计划工期为100d,根据实际情况和考虑被压缩工作选择的因素,缩短顺序依次为B、C、D、E、G、H、I、A,试对该网络计划进行工期优化。要求工期15d,试进行网络计划工期优化。

(1)找出关键线路和计算计算工期,如图3-50a)所示。

(2)计算应缩短的工期:

$$\Delta T = T_c - T_p = 120 - 100 = 20(d)$$

(3)根据已知条件,将工作 B 压缩到极限工期,再重新计算网络计划和关键线路,如图3-50b)所示。

(4) 显然,关键线路已发生转移,关键工作 B 变为非关键工作,所以,只能将工作 B 压缩 10d,使之仍然为关键工作,如图 3-50c)所示。

(5) 再根据压缩顺序,将工作 D、G 各压缩 10d,使工期达到 100d 的要求,如图 3-50d)所示。

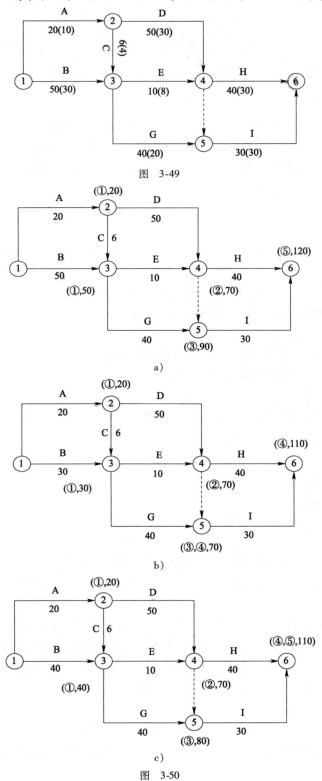

图 3-49

图 3-50

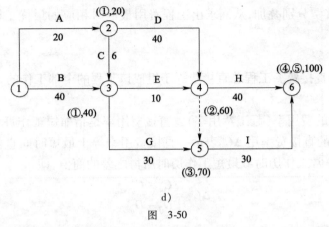

d)

图 3-50

在工期优化过程中要注意以下两点：

①不能将关键工作压缩成非关键工作；在压缩过程中，会出现关键线路的变化（转移或增加条数），必须保证每一步的压缩都是有效的压缩。

②在优化过程中如果出现多条关键路线时，必须考虑压缩公用的关键工作，或将各条关键线路上的关键工作都压缩同样的数值，否则不能有效地将工期压缩。

二、费用优化（工期成本优化）

1. 概述

工程网络计划一经确定（工期确定），其所包含的总费用也就确定下来。网络计划所涉及的总费用是由直接费和间接费两部分组成。直接费由人工费、材料费和机械费组成，它随工期的缩短而增加；间接费属于管理费范畴，它是随工期的缩短而减小。由于直接费随工期缩短而增加，间接费随工期缩短而减小，两者进行叠加，必有一个总费用最少的工期，这就是费用优化所要寻求的目标（图 3-51）。

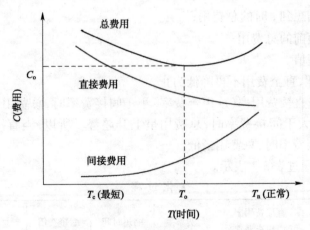

图 3-51 费用优化

费用优化的目的：一是求出工程费用（C_o）最低相对应的总工期（T_o），一般用在计划编制过程中；另一目的是求出在规定工期条件下的最低费用，一般用在计划实施调整过程中。

费用优化的基本思想：不断地从工作的时间和费用关系中，找出能使工期缩短而又能使直接费增加最少的工作，缩短其持续时间，同时再考虑间接费随工期缩短而减小的情况。把不同工期的直接费与间接费分别叠加,从而求出工程费用最低时相应的最优工期或工期指定时相应的最低工程费用。

2. 费用优化的步骤

(1)算出工程总直接费。工程总直接费等于组成该工程的全部工作的直接费(正常情况)的总和。

(2)算出直接费的费用率(赶工费用率)。直接费用率是指缩短工作每单位时间所需增加的直接费,工作 i—j 的直接费率用 ΔC_{ij}^0 表示。直接费用率等于最短时间直接费与正常时间直接费所得之差除以正常工作历时减最短工作历时所得之差的商值,即:

$$\Delta C_{ij}^0 = \frac{C_{ij}^c - C_{ij}^n}{D_{ij}^n - D_{ij}^c} \tag{3-31}$$

式中:D_{ij}^n——正常工作历时;

D_{ij}^c—— 最短工作历时;

C_{ij}^n——正常工作历时的直接费;

C_{ij}^c——最短工作历时的直接费。

(3)确定出间接费的费用率。工作 i—j 的间接费的费用率用 ΔC_{ij}^k 表示,其值根据实际情况确定。

(4)找出网络计划中的关键线路并计算出计算工期。

(5)在网络计划中找出直接费用率(或组合费用率)最低的一项关键工作(或一组关键工作),作为压缩的对象。

(6)压缩被选择的关键工作(或一组关键工作)的持续时间,其压缩值必须保证所在的关键线路仍然为关键线路,同时压缩后的工作历时不能小于极限工作历时。

(7)计算相应的费用增加值和总费用值(总费用必须是下降的),总费用值可按下式计算:

$$C_t^0 = C_{t+\Delta T}^0 + \Delta T(\Delta C_{ij}^0 - \Delta C_{ij}^k) \tag{3-32}$$

式中:C_t^0——将工期缩短到 t 时的总费用;

$C_{t+\Delta T}^0$——工期缩短前的总费用;

ΔT——工期缩短值。

(8)重复以上步骤,直至费用不再降低为止。

在优化过程中,当直接费用率(或组合费率)小于间接费率时,总费用呈下降趋势;当直接费用率(或组合费率)大于间接费率时,总费用呈上升趋势。所以,当直接费用率(或组合费率)等于或略小于间接费率时,总费用最低。

整个优化过程可通过表 3-7 表示。

优化过程 表 3-7

缩短次数	被压缩工作	直接费用率 (或组合费用率)	费率差	缩短时间	缩短费用	总费用	工期
1	2	3	4	5	6	7	8

注:费率差 = 直接费用率(或组合费用率) - 间接费率。

【例 3-10】已知网络计划如图 3-52 所示,箭线上方括号外为正常直接费,括号内为最短时间直接费,箭线下方括号外为正常工作历时,括号内为最短工作历时。试对其进行费用优化。间接费率为 0.120 千元/d。

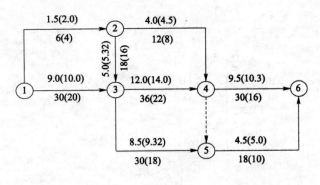

图 3-52

解:(1)计算工程总直接费。

$$\sum C^0 = 1.5 + 9.0 + 5.0 + 4.0 + 12.0 + 8.5 + 9.5 + 4.5 = 54.0(千元)$$

(2)计算各工作的直接费率(表3-8)。

各工作的直接费率表　　　　　　　　　表3-8

工作代号	最短时间直接费 – 正常时间直接费 $C_{ij}^c - C_{ij}^n$(千元)	正常历时 – 最短历时 $D_{ij}^n - D_{ij}^c$(d)	直接费率 ΔC_{ij}^0 (千元/d)
1 – 2	2.0 – 1.5	6 – 4	0.25
1 – 3	10.0 – 9.0	30 – 20	0.10
2 – 3	5.25 – 5.0	18 – 16	0.125
2 – 4	4.5 – 4.0	12 – 8	0.125
3 – 4	14.0 – 12.0	36 – 22	0.143
3 – 5	9.32 – 8.5	30 – 18	0.068
4 – 6	10.3 – 9.5	30 – 16	0.057
5 – 6	5.0 – 4.5	18 – 10	0.062

(3)找出网络计划的关键线路和计算出计算工期,如图3-53a)所示。

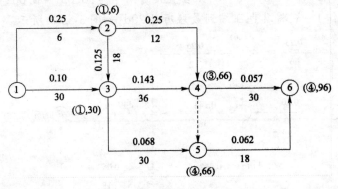

图 3-53a)

(4)第一次压缩:

在关键线路上,工作4-6的直接费率最小,故将其压缩到最短历时16d,压缩后再用标号法找出关键线路,如图3-53b)所示。

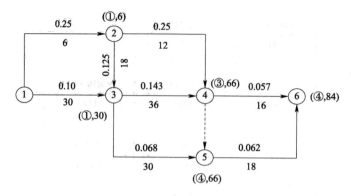

图 3-53b)

原关键工作4-6变为非关键工作,所以,通过试算,将工作4-6的工作历时延长到18d,工作4-6仍为关键工作,如图3-53c)所示。

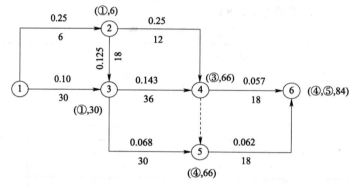

图 3-53c)

在第一次压缩中,压缩后的工期为84d,压缩工期12d。直接费率为0.057千元/d,费率差为 $0.057 - 0.12 = -0.063$ 千元/d(负值,总费用呈下降)。

第二次压缩:

方案1:压缩工作1-3,直接费用率为0.10千元/d;

方案2:压缩工作3-4,直接费用率为0.143千元/d;

方案3:同时压缩工作4-6和5-6,组合直接费用率为$(0.057 + 0.062) = 0.119$千元/d。

故选择压缩工作1-3,将其也压缩到最短历时20d,如图3-53d)所示。

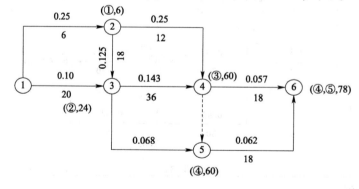

图 3-53d)

从图中可以看出,工作1-3变为非关键工作,通过试算,将工作1-3压缩24天,可使工作1-3仍为关键工作,如图3-53e)所示。

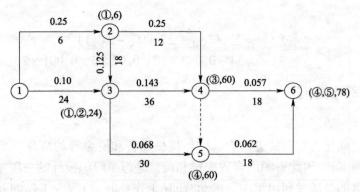

图 3-53e)

第二次压缩后,工期为78d,压缩了84-78=6d,直接费率为0.10千元/d,费率差为0.10-0.12=-0.02千元/d(负值,总费用仍呈下降)。

第三次压缩:

方案1:同时压缩工作1-2、1-3,组合费率为0.10+0.25=0.35千元/d;

方案2:同时压缩工作1-3、2-3,组合费率为0.10+0.125=0.225千元/d;

方案3:压缩工作3-4,直接费率为0.143千元/d;

方案4:同时压缩工作4-6、5-6,组合费率为0.057+0.062=0.119千元/d。

经比较,应采取方案4,只能将它们压缩到两者最短历时的最大值,即16d,如图3-53f)所示。

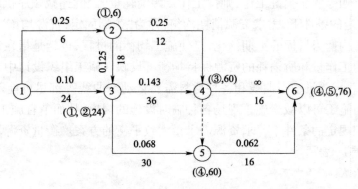

图 3-53f)

至此,得到了费用最低的优化工期76d。因为如果继续压缩,只能选取方案3(表3-9),而方案3的直接费率为0.143千元/d,大于间接费率,费用差为正值,总费用上升。

优化方案情况统计表 表3-9

缩短次数	被压缩工作	直接费用率 (或组合费率) (千元/d)	费率差 (千元/d)	缩短时间 (d)	缩短费用 (千元)	总费用 (千元)	工期 (d)	备注
1	2	3	4	5	6	7	8	
1	4-6	0.057	-0.063	12	-0.756	53.244	84	
2	1-3	0.100	-0.020	6	-0.120	53.124	78	
3	4-6 5-6	0.119	-0.001	2	-0.002	53.122	76	优化方案

压缩后的总费用为:

$$\sum C_t^0 = \sum \{C_{t+\Delta T}^0 + \Delta T(\Delta C_{ij}^0 - \Delta C_{ij}^k)\}$$
$$= 54 - 0.063 \times 12 - 0.02 \times 6 - 0.001 \times 2 = 53.122(千元)$$

三、工期—资源优化

1. 资源优化的目的

资源是指为完成任务所需的劳动力、材料、机械设备和资金等的统称。离开了资源条件,再好的计划也不能实现,因此资源的合理安排和调整是施工组织设计的一项重要内容。

资源优化的目的是通过利用工作的机动时间(工作总时差)改变工作的开始和完成时间,从而使资源按时间分布符合优化的目标。

2. 资源优化的类型

(1)资源供应有限制的条件下,寻求计划的最短工期,称为"资源有限,工期最短"的优化;进行"资源有限,工期最短"的优化是指在资源有限时,保持各个工作的每日资源需要量不变,寻求工期最短的施工计划。要考虑的是资源有限,工期最短优化中的资源分配原则,如关键工作优先满足,按其资源需要量大小按从大到小的顺序供应资源,即按 r_{i-j} 的递减顺序供应;对于非关键工作,按如下顺序进行:

①对于已经开始的优先安排(优先于关键工作);

②其他工作按 TF_{i-j} 的递增顺序供应资源;

③对于总时差相等的非关键工作,则按工作资源消耗量 r_{i-j} 的递减顺序供应。

(2)在工期规定的条件下,力求资源消耗均衡,称为"工期固定,资源均衡"的优化。

以资源需要量均衡为目标的工期优化,是使施工均衡的过程,也就是指在整个施工过程中尽可能使所完成的工作量和所消耗的资源保持均衡。反映在施工组织设计中是工作量进度的动态曲线、劳动力总需要量动态曲线和各种材料需要量动态曲线等都尽可能不出现短时期的高峰或低谷。均衡施工可以减少施工现场各种临时设施的规模,从而节省施工费用。

即要求在工期规定的条件下寻求资源需求量大致平衡的方案。衡量资源均衡一般是用不均衡系数 K 和方差 σ^2 表示。

①不均衡系数 K:

$$K = \frac{R_{\max}}{R_m} \tag{3-33}$$

②方差 σ^2,即每天计划需用量与每天平均需用量之差的平方和的平均值。也就是说:衡量资源需求量不均衡程度可用方差 σ^2 表示,σ^2 越小,说明资源需求越均衡。

设工期为 T,每天资源需求量为 $R(t)$,平均每天需求量为 R_m,则:

$$\sigma^2 = \frac{1}{T}\sum_{t=1}^{T}[R(t) - R_m]^2$$
$$= \frac{1}{T}[\sum_{t=1}^{T}R^2(t) - \sum_{t=1}^{T}2R(t)R_m + \sum_{1}^{T}R_m^2] = \frac{1}{T}\sum_{t=1}^{T}R^2(t) - R_m^2 \tag{3-34}$$

要使 σ^2 最小,即使 $\sum R^2(t) = R_1^2 + R_2^2 + \cdots + R_T^2$ 最小即可。

其实,进度计划是一个不断调整并趋向合理的过程。它从项目立项开始到工程实施完成过程中由于所拥有的条件、信息、资源不相同,所以在工程建设各阶段的进度计划也不相同,调整时要在三要素(时间、质量、成本)发生变化时要平衡各方,并以工程项目的实际为首要考虑因素。

学习任务四　广联达梦龙网络计划编制系统的应用

1. 广联达梦龙软件是如何进行网络进度计划编制的？
2. 广联达梦龙软件中，应如何添加资源？

广联达梦龙软件，能进行网络进度计划的编制，还可与广联达图形软件、广联达 BIM 施工现场布置软件、广联达 BIM5D 软件联合使用，对整个工程项目进行管理。应用广联达梦龙软件进行网络进度计划编制的具体步骤如下：

一、启动软件

1. 打开密钥步骤

用鼠标左键，点击桌面左下角"Windows 图标"→点击"程序"→点击"广联达加密锁程序"→点击 授权服务控制程序 ，点击"启动服务"后即可启动广联达加密锁程序。

2. 启动软件

启动广联达梦龙软件有两种方法。

方法一，双击桌面"广联达梦龙网络计划编制系统"快捷图标 ，计算机启动广联达梦龙网络计划编制系统，出现如图 3-54 所示界面。

图 3-54　广联达梦龙网络计划编制系统

方法二，用鼠标左键，点击桌面左下角"Windows 图标"→点击"程序"→点击"广联达斑马科技"→点击"广联达梦龙网络计划编制系统"→点击 广联达梦龙网络计划编制系统 ，即可启动广联达梦龙网络计划编制系统。

二、编制广联达梦龙网络进度计划

1. 建立新文档或打开已建文档

将光标移到新网络图按钮 上，点击左键，弹出网络计划一般属性对话框，如图 3-55 所示。

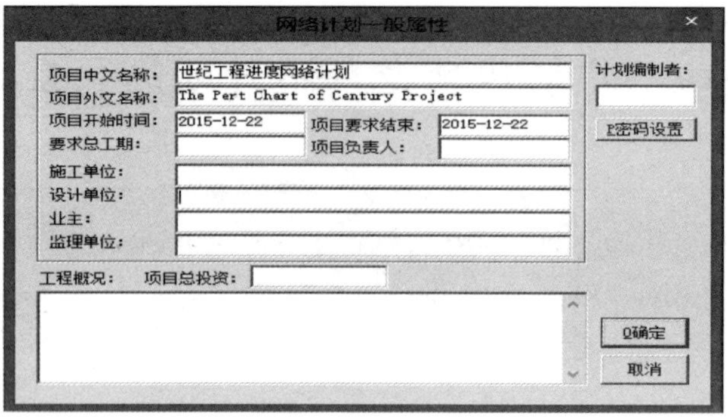

图3-55 网络计划一般属性对话框

此时,填好项目中文名称、项目的开始时间等项,如果需要加密,可以设置密码,并点击"确定"。系统进入绘制界面,屏幕出现空的网络图编辑区,如图3-56所示。

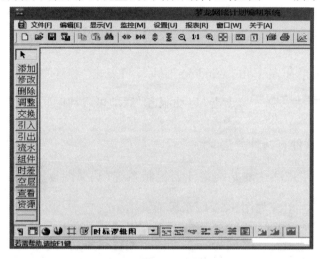

图3-56 网络图编辑界面

此时,屏幕的上方、下方、左侧出现三个工具栏。其中,上方为菜单栏和工具栏,主要实现对文档、属性设置等内容的操作;左侧为状态操作栏,主要设定网络图的编辑状态;下方为格式转换栏,主要实现模式转换、各种网络图、横道图的转换。通过操作工具栏,可实现绝大部分网络图的编辑。

若选择"取消",同样进入绘制界面。当需要修改项目中文名称时,可以通过选择编辑栏中的 调整 状态,在标题栏位置,点击鼠标右键进行修改。

如果要打开已有文件,可以点击"文件",选择"打开",找到已有文件的位置,就可以打开已有文件。

2.网络图的动态调整(增加、删除、修改、调整)

1)工作的添加

(1)顺序工作的添加。

添加顺序工作工作有两种方式。

方式一,用 添加 按钮添加工作。首先将光标移动到按钮 添加 上,点击左键,此时处于添加状态,然后移光标到空白窗口中,在空白处双击鼠标(或直接拖拉),弹出工作信息卡对话框,如图3-57所示。

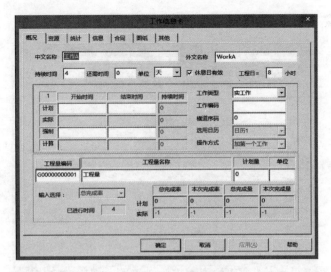

图 3-57　工作信息卡

在工作信息卡中,输入工作名称"砌墙1",持续时间"6",点击"确定"。在文档中就添加了第一个工作,如图 3-58 所示。

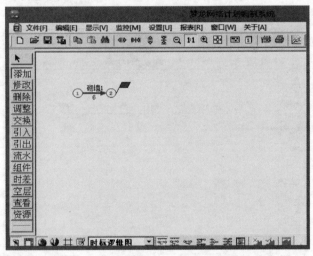

图 3-58　添加砌墙 1

当然,在工作信息卡上,也可对资源、信息等内容进行设置。

此时,若将光标在工作的不同部位移动,就会呈现不同的形状。十字光标 ⊕ ,表明在节点上;左向光标 ◀ ,表明光标在工作的左端;上下光标 ↕ ,表明光标在工作的中间;右向光标 ▶ ,表明光标在工作的右端。

方法二,利用十字光标 ⊕ 添加工作。

当已经有新建工作时,可移动光标至节点上,若出现十字光标 ⊕ ,按住鼠标左键,向右拖动,然后松开左键,在弹出的工作信息卡对话框中进行相应的名称、时间修改便可。本例中,可将光标移到②处,按照上述操作后,在弹出的对话框中输入名称"砌墙2"、持续时间"6",点击"确定",如图 3-59 所示。

另外,除在节点上拖拉添加"砌墙2"外,还可以用右向光标 ▶ ,双击插入或用十字光标,双击插入该工作。

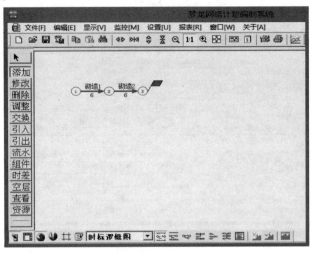

图 3-59　添加砌墙 2

同样的方法,可以绘制"砌墙 3""钢砼 3",计算机自动对节点进行编号,智能建立起紧前、紧后工作的逻辑关系,自动计算关键线路等,结果如图 3-60 所示。

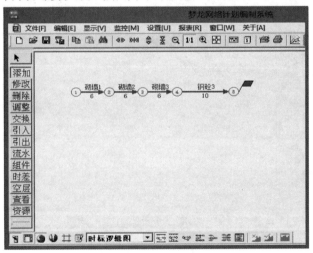

图 3-60　其他工作

(2)平行工作的添加。

方法一,将光标移动到工作"砌墙 2"上,当出现 光标时,双击鼠标左键,在弹出的对话框中,输入"钢砼 1""10",点击"确定",平行工作的添加就完成了,如图 3-61 所示。

方法二,用点到点拖拉的办法,也可添加平行工作。要在节点③与节点④之间添加工作"钢砼 2",首先将光标移至③,按住左键,拖动光标至④松开,在弹出的对话框中,输入工作名称、时间等,点击"确定",一个简单的网络进度计划就绘制好了。同时,系统会自动计算关键线路,并用红色箭线表示。具体结果如图 3-62 所示。

点击边框标尺按钮 和时标网络图 ,网络图时标就显示出来了,如图 3-63 所示。

此时,可对标题栏和图标栏进行修改。即移动光标至 调整 按钮,点击左键,当出现"T"字光标,点击右键,弹出如图 3-64 所示对话框。

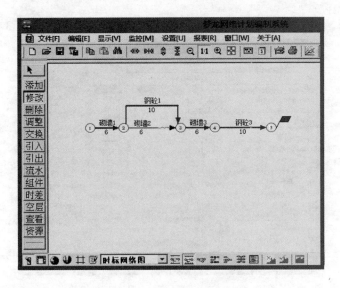

图 3-61 添加平行工作

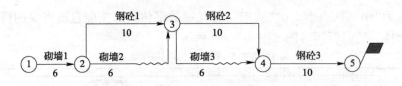

图 3-62 时标网络图

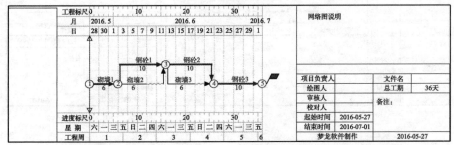

图 3-63 时标网络图

图 3-64 网络计划名称修改对话框图

在弹出的对话框中,将网络计划的中文名改为"砌体结构主体工程进度网络计划"、横道图中文名改为"砌体结构主体工程进度横道图"。修改后,点击"字体"进入标题栏字体修改状

103

态,可对字体、字形、大小、颜色等进行修改。标题栏字体选择对话框如图 3-65 所示。

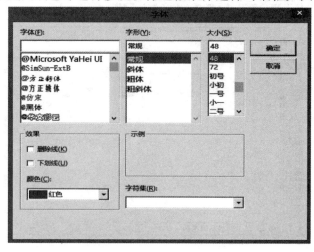

图 3-65　标题栏字体选择对话框

将字体改为"小二",点击 2 次"确定",标题栏的字体就可按照自己需要的样式进行修改。修改标题栏字体后的时标网络图如图 3-66 所示。

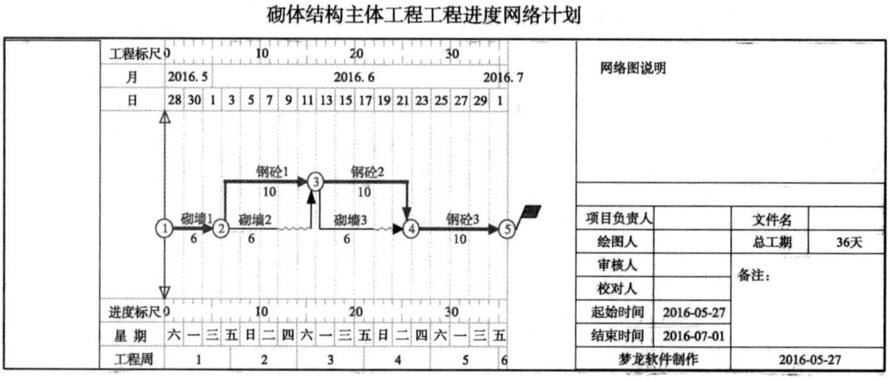

图 3-66　修改标题栏字体后的时标网络图

此时,将光标移到图注栏,点击鼠标右键,可对图注栏内的内容进行修改。修改图注栏后的时标网络图如图 3-67 所示。

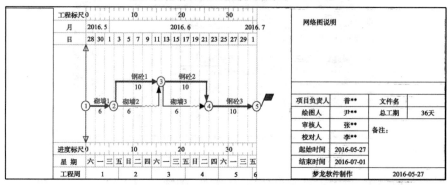

图 3-67　修改图注栏后的时标网络图

104

2)网络图的修改、删除、调整、查看

要修改工作,要先将光标移到 修改 按钮,点击左键,此时,处于修改状态;将光标移到需要修改的工作上,待光标变成 ⇔ 时,双击鼠标左键,弹出工作信息卡,便可对工作的相关信息进行修改。

要删除工作,要先将光标移到 删除 按钮,点击左键,此时,处于删除状态;拉框选择需要删除的工作,放开鼠标左键,弹出如图3-68所示对话框,点击确定,便可删除相应工作。

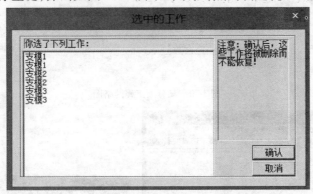

图3-68 删除对话框

如果绘制的某个节点不符合工艺要求的逻辑关系,可通过点击 调整 状态按钮来随意进行上、下、左、右关系的调整。

如将工作A、B的紧后工作改为工作C,如图3-69a)所示。首先画出A、B、C工作,在调整状态下,按住鼠标左键不动,从节点③向右拖至节点⑤,再从节点④向右拖至节点⑤,调整结果如图3-69b)所示。

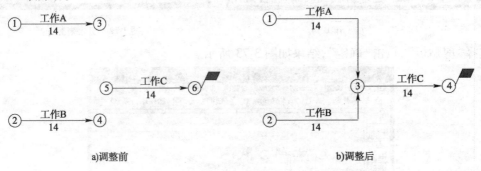

a)调整前　　　　　　　　　　　　　　b)调整后

图3-89 逻辑关系的调整

3. 工作块的复制

对于复杂的网络进度计划,还可用"引入"进行块复制。如编制如图3-70所示网络图。具体操作步骤如下:

第一步,添加一个工作D为复制做准备,如图3-71所示。

第二步,鼠标左键点击 引入 按钮,进入"引入"状态,拉框选择要复制的内容,点击复制按钮 ,将选择内容复制到剪切板中。

第三步,在"引入"状态下,将光标移至工作D上,双击鼠标左键,弹出如图3-72所示对话框。

105

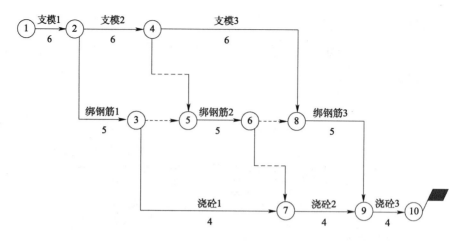

图 3-70 某分项工程网络图

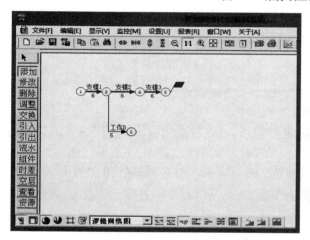

图 3-71 添加工作 D

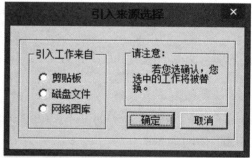

图 3-72 引入来源选择

选择"剪贴板",点击"确定",结果如图 3-73 所示。

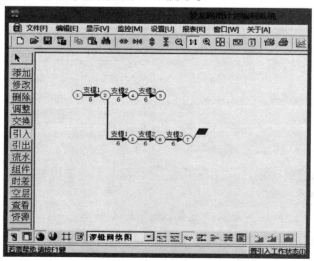

图 3-73 块复制

第四步,鼠标左键点击 修改 按钮,进入"修改"状态,将光标移到"支模 1"工作箭线上,当

光标变成 符号,双击鼠标左键,即可对复制后的"支模1"的工作信息进行修改。其他工作也可采用同样的方法进行修改,修改后的结果如图3-74所示。

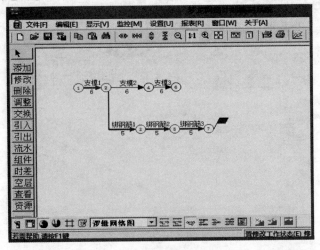

图 3-74　修改复制后的名称

同样,可以运用块复制绑扎钢筋和浇混凝土工作。块复制完毕示意图如图3-75所示。

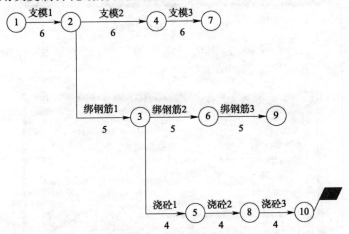

图 3-75　块复制完毕示意图

第五步,选择"调整"状态,将节点⑥、⑦连接,节点⑧、⑨连接,如图3-76所示。

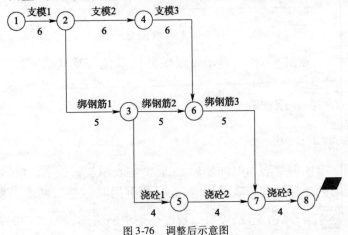

图 3-76　调整后示意图

第六步,添加虚工作,建立应有的逻辑关系和断开不必要的逻辑联系,如图3-70所示。

4. 流水的运用

对于如图3-70所示网络图,也可运用流水状态按钮进行快速地绘制。

首先,建立好流水的基本工作,如图3-77所示。

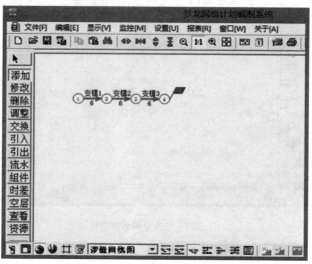

图3-77　流水基本工作图

其次,鼠标左键单击 流水 按钮,拉框选择流水的工作,放开鼠标,弹出如图3-78所示对话框。

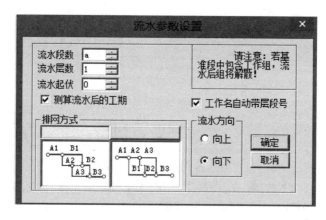

图3-78　流水参数设置图

选择流水段数"2",点击"工作名自动带层段号",其他为默认值,点击"确定",如图3-79所示。

最后,将生成的网络图工作信息按照要求进行修改即可。

5. 网络图不同模式的转换

1)时标逻辑网络图

时标逻辑网络图既能清楚表示时间坐标,又能清楚表示逻辑关系。根据实际工作的要求,如果某单位需要把时间坐标和逻辑表示清楚,此时便可用时标逻辑网络图表示。把光标移到"时标逻辑图按钮" 上,点击左键,屏幕出现时标逻辑网络图,如图3-80所示。

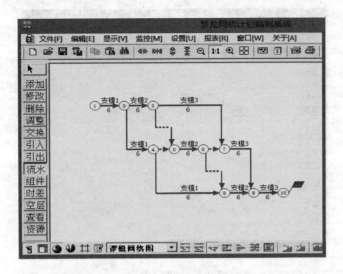

图 3-79　流水生成图

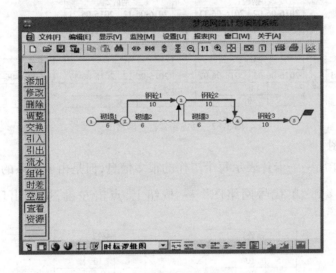

图 3-80　时标逻辑网络图

2）时标网络图

时标网络图是能清楚表示时间坐标的网络图。把光标移到"时标网络图按钮"上，点击左键，屏幕出现时标网络图。这里的时标网络图和时标逻辑网络图基本一样，没有很大的区别。

3）逻辑网络图

逻辑网络图是能清楚表示逻辑关系的网络图。把光标移到"逻辑网络图按钮"上，点击左键，屏幕出现逻辑网络图。逻辑网络图没有时间坐标。所以逻辑网络图中的工作并不随时间的改变而改变。逻辑网络图如图 3-81 所示。

4）梦龙单双混合网络图

梦龙单双混合网络图是采用一种单、双混合的形式，以卡片的方式表现活动，用节点来表示活动间的关系的网络图。它集中了单、双网络图的优点，内容清楚、信息量大。把光标移到"梦龙单双混合网络图按钮"上，点击左键，屏幕出现时标网络图，如图 3-82 所示。

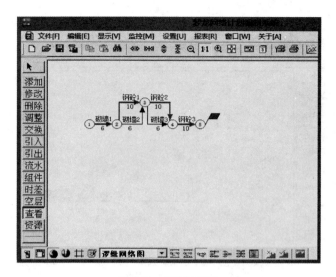

图 3-81 逻辑网络图

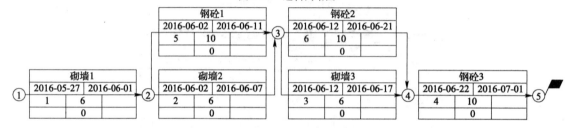

图 3-82 梦龙单双混合网络图

5) 单代号网络图

单代号网络图能用一个卡片表示每个工作的很多信息,但是由于关系的连线太多,图面会显得凌乱。把光标移到"单代号网络图" 按钮上,点击左键,屏幕出现单代号网络,如图 3-83 所示。

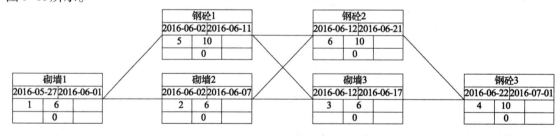

图 3-83 单代号网络图

6) 梦龙单代号网络图

梦龙单代号网络图在传统单代号网络图基础上,将某一活动的前驱工作和后继工作汇集成一条总线,使关系更加清楚明白。把光标移到"梦龙单代号网络图"按钮 上,点击左键,屏幕出现梦龙单代号网络图,如图 3-84 所示。

7) 横道网络图

点击"横道网络图按钮" ,横道图转换,如图 3-85 所示。

由于软件采用了几种网络图之间的同构异体技术,他们只是表现形式不同,而数据是一致的,所以修改其中一个,其他网络图也会跟着变化。

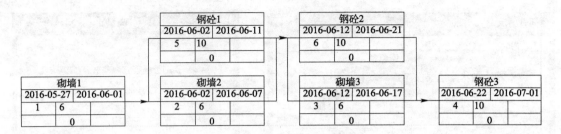

图 3-84　梦龙单代号网络图

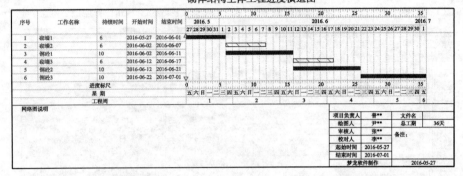

图 3-85　横道网络图

点击"横道图格式按钮"，显示文本横道图，如图 3-86 所示。

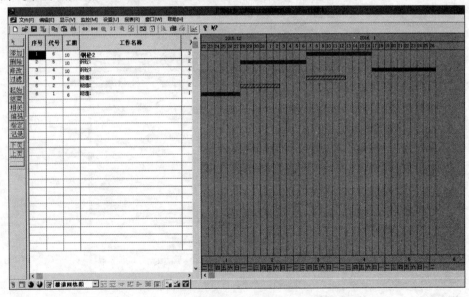

图 3-86　文本横道图

此时，可以左键点击 起始 ，按开始时间对横道图排序。按住鼠标左键不动，移动"砌墙 3"到序号 3，放开左键即可。左键点击 记录 ，弹出对话框，如图 3-87 所示。

点击"确认"，弹出对话框，如图 3-88 所示，再次点击"确定"，横道图的顺序便按"开始时间"排好顺序，如图 3-89 所示。此时，便可对资源进行统计。

8）梦龙软件的双屏显示

在任意网络图模式下，点击"局域按钮"，网络图转换成双屏显示，如图 3-90 所示。

111

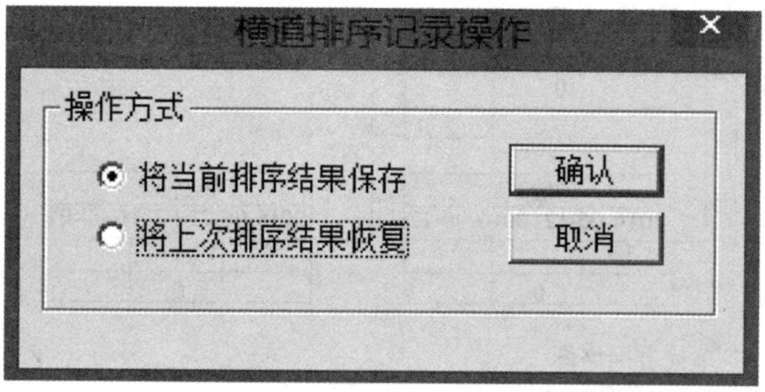

图 3-87　横道图排序记录操作对话框图　　　　图 3-88　横道图排序记录覆盖确定对话框图

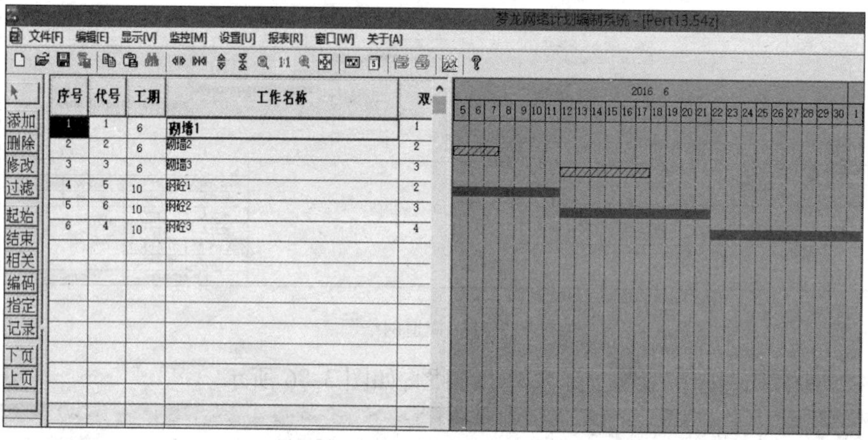

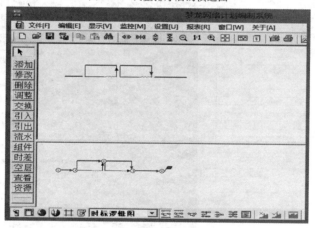

图 3-89　调整排序后的横道图

图 3-90　梦龙软件双屏显示

在上窗中显示整个网络图全貌,在下窗中显示局部放大内容。要回到整图状态,可直接用鼠标左键点击"整图编辑区域按钮"即可。

除了双屏显示功能外,梦龙软件还有窗口复制功能。同一个文档还可以通过复制窗口(可多次复制)方式在几个窗口操作一个文档,这对于大网络图的编制非常有好处,尤其与组合键的"添加"及"调整"配合非常默契,对于长图的处理非常方便。

三、资源的管理

资源的控制与工程进度是密切相关的,它直接反映工程项目的运营状况。通过资源的添加及显示,可对所有工序及整个工程项目的资源分配了如指掌。

1. 资源的添加

广联达梦龙网络图计划编制软件中,添加资源有三种方式。第一种是直接添加,第二种是从资源定额库中添加,第三种是自定义资源添加。

(1)直接添加资源

在绘制某项工作时,在弹出的工作信息卡上对资源进行添加。如材料"成品钢筋"的添加,应在"资源"中输入编码"CL2"、名称"成品钢筋",点击"添加",随后将总量"5"、单位"吨"、单价"3"等进行修改,后点击"添加",如图3-91所示。

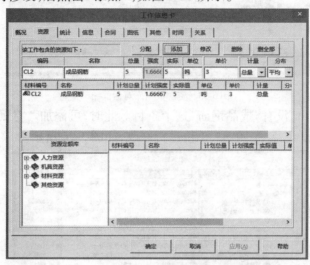

图3-91 添加材料对话框图

人工的添加,可在"资源"中输入编码"CL7"、名称"钢筋工",点击"添加",随后将计量"强度"、强度"1"、单位"组"、单价"2"等进行修改,后点击"添加",如图3-92所示。

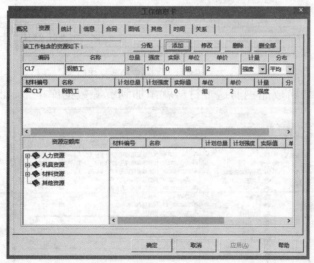

图3-92 添加人工对话框图

(2)资源定额库添加

资源定额库里数据,施工企业可根据需要添加、修改定额子目。有些材料的添加,需先对资源数据库进行维护。点击菜单栏"设置",找到"资源数据库维护",点击左键,系统会弹出资源数据库维护对话框,如图 3-93 所示。

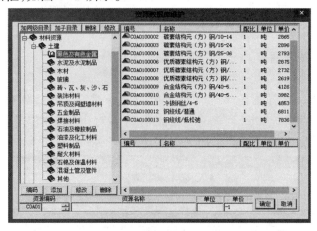

图 3-93 资源数据库对话框图

从图 3-93 可以看出,没有"成品钢筋"这个条目。此时,可添加。将鼠标移到"资源编码"处,点击左键,对资源编码、名称、单位、单价进行修改,如图 3-94 所示。

图 3-94 添加成品钢筋资源数据库图

修改后,点击"添加",成品钢筋这个材料就添加到资源数据库里了,如图 3-95 所示。

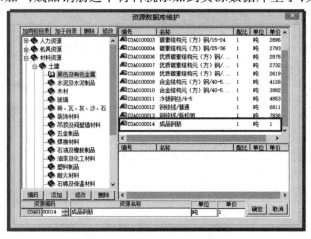

图 3-95 添加成品钢筋后的资源数据库图

对于人工的添加,用鼠标左键点击"资源",在资源定额库中,选择建筑类,选择普通工,找到钢筋工,点击,对强度、实际进行修改,后点击"确定"即可。添加钢筋工示意图如图 3-96 所示。

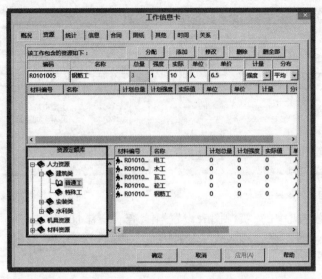

图 3-96　添加钢筋工示意图

在具体添加工作时,在工作信息卡中,点击"资源",在资源定额库中,单击"材料资源",点击"土建",点击"黑色及有色金属",找到"成品钢筋",点击左键,后对编码、名称、单位等修改。修改完成后点击"添加",点击"确定"。成品钢筋资源就已经添加到工作中,如图 3-97 所示。

对于钢筋原材、模板、成品混凝土、水泥、砂石等材料的添加,均在资源定额库中添加。

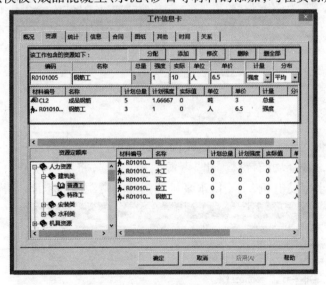

图 3-97　添加成品钢筋及钢筋工示意图

(3)自定义资源添加

自定义资源添加,一般只添加机械,如钢筋加工机、混凝土加工机、小型发电机、小型供水泵机等,而对于人工和材料,一般不采用自定义资源方法添加。

点击菜单栏"设置",找到"自定义资源图设置",点击左键,系统会弹出自定义资源数据库对话框,如图3-98所示。

在对话框中,编码"GJX1",名称"小型发电机",单位"台",点击"添加"。同样,可添加小型供水泵机、混凝土加工机、钢筋加工机等,如图3-99所示。

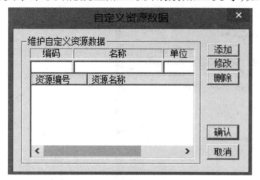 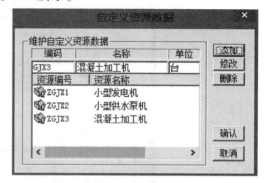

图3-98　自定义资源数据对话框图　　　　　图3-99　添加机械示意图

可通过菜单栏"设置"中的"资源图表设置"中,查看所添加的机械资源,如图3-100所示。

图3-100　查看已添加资源图

2. 资源曲线图的添加

资源设置好后,便可对资源和资源曲线图进行添加。点击 和 ,在弹出的时标网络图后,在框的空白处,点击鼠标右键,弹出"资源图表设置",将所有涉及的资源,如成品钢筋、钢筋工、模板、木工、小型发电机、小型供水泵机等添加到资源图表里面,如图3-101所示。

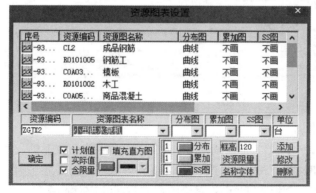

图3-101　添加资源到资源图表示意图

点击"含资源曲线" ![按钮] 按钮,资源就显示出来了。在软件中,对于机械的资源曲线,必须手动添加。当光标变成"T"字形,拖住左键,拉框选择机械的使用时间,弹出如图3-102所示对话框。点击 ![▼] ,完成机械的选择,并修改需求量,机械的资源曲线也添加成功。

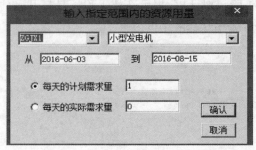

图3-102　机械资源选择对话框示意图

机械的资源曲线添加成功后,所有的资源,均可在资源曲线当中显示。

学习任务五　广联达BIM施工现场布置软件的应用

1. 广联达BIM施工现场布置软件是如何布置施工现场的?
2. 如何保存高清图片?

应用广联达BIM施工现场布置软件可对施工现场的场地进行三维布置。同时,还可与广联达图形软件、广联达梦龙软件等一起导入广联达BIM5D软件,对整个工程项目进行计算机的信息化管理。

一、打开软件

方法一,双击桌面"广联达BIM施工现场布置软件"快捷图标 ![图标] ,计算机启动广联达BIM施工现场布置软件,出现如图3-103所示启动界面。

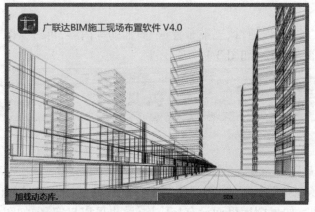

图3-103　广联达BIM施工现场平面布置软件启动界面

方法二,鼠标左键,点击桌面左下角"Windows 图标"→点击"程序"→点击"广联达工程施工信息化整体解决方案"→点击 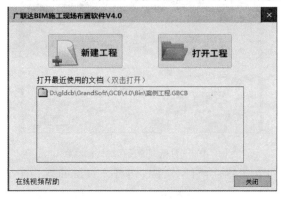,即可启动广联达 BIM 施工现场布置软件。

启动后弹出如图 3-104 所示对话框,提示新建工程还是打开已建工程。

图 3-104 新建或打开工程对话框

若是新建工程,系统将提示是否导入 CAD 图纸,如图 3-105 所示。

如果有 CAD 图纸,则直接点击"确定",指定一个插入点,点击左键,系统弹出路径选择对话框,找到对应 CAD 文件的路径,点击"打开",等待几秒,出现如图 3-106 所示导入成功对话框,点击"确定",即可进入软件绘制界面。

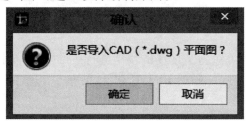

图 3-105 导入 CAD 图纸　　　　　　图 3-106 导入成功

如果没有 CAD 图纸,也可直接点击"取消"即进入软件绘制界面。

二、操作界面介绍

1. 上部为"工具栏"

菜单栏内包括文件、工程项目、三维布置、平面辅助等内容,可进绘图、文件等相关操作,也可进行二维、三维的视图转换,如图 3-107 所示。

图 3-107 绘图菜单栏

2. 左侧为"图元库"

"图元库"包括场地布置过程中,需要绘制的各种构件的图元。绘制时,先选择相应图元,再到绘图区进行绘制。如果图库里面没有相应构件,也可以自定义,如图 3-108 所示。

118

3. 当中为“绘图区”

所有需要绘制的构件，均在此区域内完成。

4. 右下角为“属性区”

对所绘制的构件图元进行修改，均需通过操作属性栏来完成。

三、具体绘制方法

1. 绘制“围墙”

围墙的绘制方法有以下两种：

方式一，左键点击“建筑及构筑物库 ”→“围墙”，选中“围墙”图元。在绘图区，找到CAD图中围墙线，点击“三维布置”，从直线 、起点—中点—终点画弧 、起点—终点—中点画弧 、圆形 、矩形 五种模式中，选择一种绘制模式；点击左键，进行描绘，点击右键结束绘制。

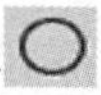

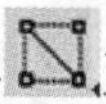

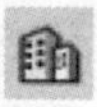

方式二，按一下“Esc”键，选择所有“围墙”线段，点击菜单栏“工程项目”→“识别围墙线”，围墙自动生成，如图3-109所示。

对围墙，可进行高度、宽度、材质、标高的修改。点击左键，选中所有围墙图元，在属性栏中修改相应的参数即可，如图3-110所示。

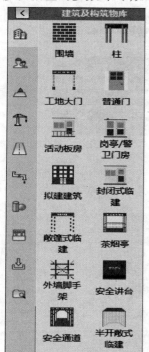

图3-108 图元库

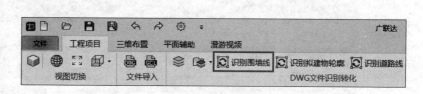

图3-109 识别围墙线

属性栏	
围墙	
名称	围墙
显示名称	
材质	砖
宽度(mm)	200
高度(mm)	2500
有起始标高	
标高(m)	0
锁定	

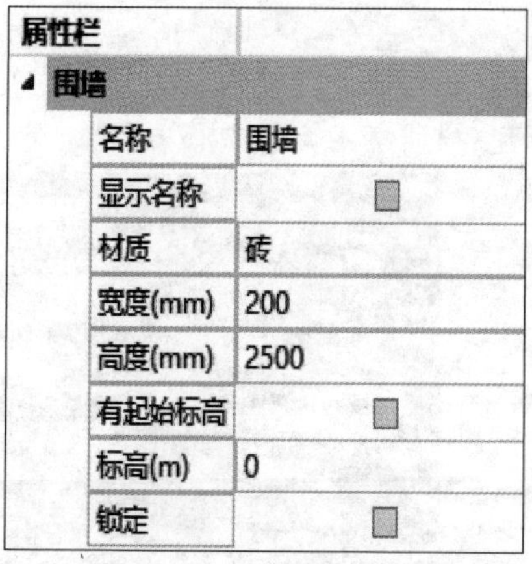

图3-110 围墙属性

通过修改围墙的属性，也可以制作“文化墙”。在围墙属性栏中，左键点击“材质”选择“更多”，可以插入自己制作的图片。绘制完毕后，点击“动态观察”图标 ，切换好视角，便可动态显示围墙，如图3-111所示。

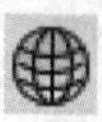

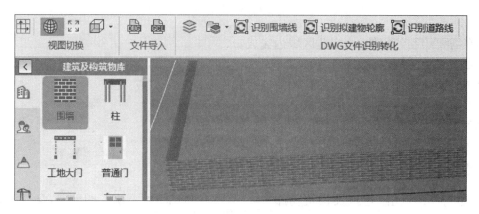

图 3-111　动态显示围墙

2. 绘制"工地大门"

在"建筑及构筑物库 ![icon]"中选择"施工大门",在围墙合适的地方,点击左键进行插入。点击左键,选中"施工大门",便可在右侧的属性栏中修改相应的参数。

工地大门横梁文字的修改,可双击右侧属性栏"横梁文字"后的空白栏,出现![icon],点击左键,在弹出的"文字设置"对话框中,可对工地大门横梁文字的颜色、字体、字号进行修改,如图 3-112 所示。一般,横梁的文字,选择"黑体""72 号字"。

图 3-112　施工大门横梁文字设置

对于工地大门,还可修改其材质。如将材质改为"电动门",大门横梁文字设置为"云南建筑工程公司　承建:科研学术交流中心项目"。修改后的大门效果图如图 3-113 所示。

图 3-113　工地大门绘制效果图

3. 绘制"拟建建筑"

拟建建筑的绘制方式与施工围墙的绘制方式基本相似。包括以下两种绘制方式:

方式一,自动描图(方法同围墙的绘制)。

方式二,选中"拟建建筑"的CAD线,点击菜单栏中"工程项目"→"识别拟建物轮廓",拟建房屋自动生成。若要进行相应参数的修改,可按一下"Esc"键,点击左键,选中图元,在右侧的属性栏中修改即可。对于拟建建筑,可进行层数、层高、标高等参数的修改,如图3-114所示。

4.绘制"施工临时道路"

左键点击图元库中"交通运输 ⚠ "→"施工道路 🛣 ",选择"施工道路",通过"三维布置"中的直线模式 ✏ 进行绘制。遇有转弯,软件会自动生成弯道。绘制完毕后,选中图元,在右侧的属性栏进行参数的修改;也可以先选择图元,修改属性后再进行绘制。对于施工道路,最好先修改属性,再绘制图元。如将施工道路设置为6m宽,类别为施工临时道路,如图3-115所示。

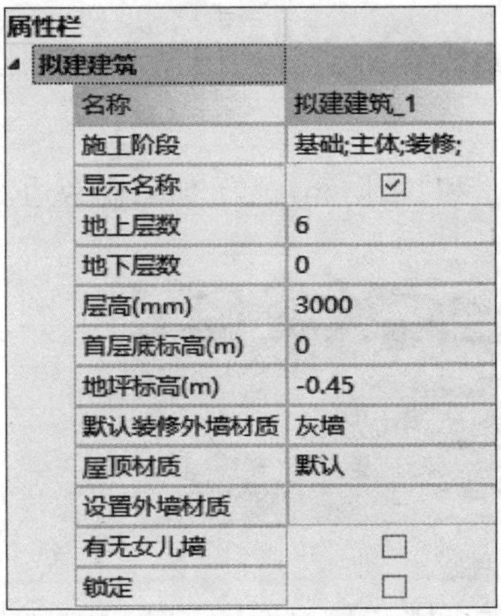

图3-114 拟建建筑属性对话框 　　图3-115 施工道路属性修改对话框

5.绘制"堆场和加工棚"

下面以钢筋堆场和钢筋加工棚为例说明绘制的方法。

1)绘制"直筋堆场"及放置直筋

在左侧图元库"材料及构件堆场 △ "中选择"钢筋堆场 ▬ ",点击菜单栏中"三维布置"中绘制方式 ⋈ ,点击 ⊞ ,切换到二维视图,进行对角点绘制。绘制完堆场后,可将直筋添置到绘制好的堆场中,如图3-116所示。

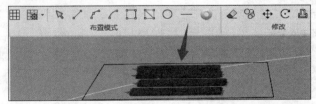

图3-116 添加直筋后的堆场示意图

2)绘制"盘圆堆场"及放置盘圆钢筋

盘圆堆场的绘制与直筋堆场的绘制相同。盘圆堆场绘制完毕后,可将图3-117中箭头所指的图元,盘圆钢筋 ⬤ ,通过点击左键,放置在盘圆堆场。

图3-117　盘圆堆场盘圆钢筋的放置

6. 绘制"钢筋加工棚"

首先,选择"建筑及构筑物库 ![icon]"中的"敞篷式临建"。

左键点击"三维布置"中的对角点绘制模式 ![icon],进行绘制;绘制完毕后,选中图元,在右侧属性栏中将"标语图"改为钢筋房。

绘制完毕后,可将相关钢筋机械放置其中。点击 ![icon] 选择大型机械中的"钢筋调直机"和"钢筋弯曲机"置于其中。

也可将"临水电系统 ![icon]"中"配电箱(露天)"和"消防箱"置于加工棚旁边。绘制后的效果如图3-118所示。

图3-118　钢筋加工棚绘制效果图

同理,可以完成"模板堆场""脚手架堆场""木工棚""砌块堆场"等图元的绘制。

7. 绘制"办公区、生活区"

在"建筑及构筑物库 ![icon]"中选择"活动板房",找到绘制"办公楼"的位置,点击左键,移动鼠标,到指定位置,点击左键完成绘制。鼠标可从左往右、从右向左、从上向下、从下向上4个方向进行移动。绘制完毕,选中图元,在右侧的属性栏中按工程实际修改相应属性即可。绘制后,如发现门的方向不对,可通过修改属性栏中的"角度"进行调整。同理可完成"餐厅"、"劳务宿舍"的绘制。

属性栏	
▲ 停车场	
名称	停车场
施工阶段	基础;主体;装修;
显示名称	✓
车位长度(mm)	5000
车位宽度(mm)	10000
车位数	5
角度	180
标高(m)	0
锁定	

图3-119　停车场参数图

8. 绘制"停车场"与"大型施工车辆"

在"绿色文明施工配套设施 ![icon]"中选择"停车场",在绘图区,找到绘制停车场的位置,点击鼠标左键,移动鼠标到指定位置,点击左键完成绘制。将停车场的参数按图3-119进行修改,然后在左侧图元库中"大型施工机械 ![icon]"中找合适的车辆,如"推土机""混凝土罐车"等放置在停车场的车位中,如图3-120所示。对于车辆未放置在停车场合适的位置,可通过选中车辆,点击平移 ![icon],移动到适合的位置。

图 3-120　停车场车辆停放示意图

9. 绘制"绿化"

在图元库"绿色文明施工配套设施　"中选择"草坪",选择"　"绘制方式,在需要布置绿化的区域,进行对角点绘制。

若需布置花,则在"其他图库　"中选择"小花",在草坪中,移动鼠标到任意点,点击左键,即可放置;如需进行阵列布置,可先选择"小花"绘制到场地中,再点击菜单栏中的阵列　,左键指定第一端点,然后指定第二端点,弹出如图 3-121 所示对话框,修改个数值,点击确认,"小花"就等距离布置。

其他图元,如"自动洗车池""岗亭""消防箱""标语牌"等,可根据工地现场实际,进行绘制。

水电线路的绘制,也是先选中图元,再绘制图元,最后根据需要修改图元属性。

四、调整优化

通过三维旋转　,对整个场地模型进行 360°的查看,不合理的地方可酌情进行调整和优化。也可通过点击"三维布置"下的"合理性检查　",了解布置不合理的地方。

如果所处施工阶段发生变化,也可根据施工阶段的需要增加、删除或调整场地内的图元。

五、导图

1. 导出图片

广联达梦龙软件版本 4.0,可导出高清图片。左键点击文件,选择"导出高清图片"在弹出的对话框中,选择"大尺寸",如图 3-122 所示。

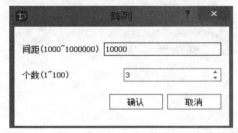

图 3-121　绿化植物个数设置示意图

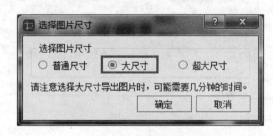

图 3-122　尺寸选择示意图

2. 导出 IGMS 文件

在三维模式下,点击"工程项目"→"文件导出"　,弹出对话框,提示是否导出 CAD,无论选择"是"或"否",IGMS 即可导出。IGMS 文件可导入广联达 BIM5D,在 5D 中创建场地模型,实现对整个工程项目的信息化管理。

学习情境四　编制施工组织设计实例

【问题引入】
1. 编制施工组织总设计和单位工程施工组织设计有什么不同？
2. 什么情况下需要编制专项施工组织设计？
3. 标前施工组织设计与实施性施工组织设计在编制时要注意什么？

【知识目标】
1. 熟练掌握施工组织总设计的内容和编制方法；
2. 熟练掌握单位工程施工组织设计的内容和编制方法；
3. 熟练掌握专项方案施工组织设计的内容和编制方法；
4. 熟练掌握标前施工组织设计的内容和编制方法。

【知识链接】

本学习情境配有可进行下载的电子资源案例，通过具体的案例来学习施工组织总设计、单位工程施工组织设计、专项方案施工组织设计以及标前施工组织设计的编制，以掌握施工组织设计的内容以及编制方法。这些案例都是近3年的实体施工项目，无论在施工方案的选择、施工进度计划的编制，还是施工现场管理措施方面都包含了较新的施工工艺和较全的施工组织管理措施。

学习任务一　投标前施工组织设计

1. 投标与标后施工组织设计有什么区别联系？
2. 投标施工组织设计的内容是什么，编制要素有哪些？
3. 投标施工组织设计与报价如何进行配合？

一、概述

1. 概念和重要性

投标施工组织设计是投标书的重要组成部分，它是承包单位进行合同谈判、提出要约和进行承诺的根据和理由，其编制水平的高低是直接影响投标者能否中标的关键因素，所以投标施工组织设计对于施工企业获得工程任务的重要性是不言而喻的。其重要性主要体现在4个方面。

（1）承包商管理操作能力，承包商如何组织施工、组织的理念、施工技术水平、特点都体现于此。

（2）竞争力的保证和指导合同谈判的基础。

（3）用于工程投标，这是参与投标的标书中的主要技术文件，也是业主考虑承包商综合能力的主要依据。

（4）编制标后施工组织设计的基础和依据，标后施工组织设计是投标施工组织设计的深化和拓展。

在投标过程中，建设单位不仅要听取施工企业的自我介绍，更重要的是通过施工组织设计了解企业的水平。倘若施工组织设计质量低劣，无法满足招标文件规定的要求，则企业的自我介绍可能只是自吹自擂。可见，投标施工组织设计是评标、定标的重要因素，是投标单位整体实力、技术水平和管理水平的具体体现。标前施工组织设计是向建设单位显示企业实力的手段，也是中标后施工的指导方案，更重要的是编制投标报价的依据。

投标施工组织设计以详尽的施工方案展现在招标方的面前，使招标方对投标方施工队伍资质状况、机械化程度、施工方法，对完成招标工程工期的可行性、准确性等有一个深刻的认识，增强招标方对投标方的信任感，从而达到建筑施工企业中标，取得工程项目的目的。科学、合理的投标施工组织设计能给工程中标增添制胜的筹码。

2. 投标与标后施工组织设计的联系

投标施工组织设计与标后施工组织设计的相同点在于：

（1）针对的项目相同。若中标，则存在的两份施工组织设计是针对同一项目的；若没有中标，则不存在标后施工组织设计。

（2）最终目的统一，都是为了既好又快地完成该工程项目。

（3）编制基本原则相同。

（4）编制基本方法相同。

（5）编制基本内容相同，都包括施工方案、施工进度计划、施工平面图和施工技术组织措施。

3. 投标与标后施工组织设计的区别

如表4-1所示，与设计单位或施工单位在相关阶段编制的相应施工组织设计相比，投标施工组织设计有其特殊性，主要体现在以下几个方面：

（1）应用目的不同。设计单位的施工组织设计是设计文件的组成部分，主要供业主或监理审查和决策，是编制概预算的依据；施工单位的施工组织设计是围绕一个工程项目或一个单项工程，规划整个施工进程、各施工环节相互关系的战略性或战术性部署。而投标施工组织则是投标书的组成部分，是编制投标报价的依据，目的是使招标单位了解投标单位的整体实力以及在本工程中的与众不同之处，进而得以中标。

（2）编制条件和时间不同。投标施工组织设计在投标书编制前着手编写，由于受报送投标书的时间限制，编制投标施工组织设计的时间很短。而中标后施工组织设计，在签约后开工前着手编写，编写时间相对较长。

因此针对这种特点，平时应注意相同素材的搜集与积累。如主要项目的施工方法，施工企业质量管理体系，防治质量通病的技术措施，工程质量检测的设备，国家或建设行政主管部门推广的新工艺、新技术、新材料，文明施工现场措施，施工安全的技术措施及保证体系等。这些素材可以提前编写出来，分别建立小标题，利用计算机存储，使用时可以随时调出，结合具体情况略微修改后就可以利用了。

施工组织设计与投标技术文件的比较 表 4-1

	内容	投标技术文件	施工组织设计
相同点	编制对象	两者针对同一个项目	
	编制思想	重点突出,兼顾全国,确保质量,安全适用,技术先进,经济合理	
	基本内容	一般都包括:(1)编制依据及说明;(2)工程概况;(3)施工准备及各种资源计划;(4)施工部署及组织;(5)施工方案;(6)进度计划;(7)总平面布置图;(8)各类管理保证措施等	
	控制重点	(1)施工部署和施工方案,解决施工中的组织指导思想和技术主法问题; (2)施工进度计划,解决顺序和时间问题; (3)施工总平面图,解决空间问题和施工"投资"问题	
不同点	服务范围	投标、签约	施工准备至竣工验收
	编制目的	中标;指导合同谈判,提出要约和承诺;对工程总体规划	进行施工准备,指导或组织工程的具体实施及操作
	编制时间	必须在投标截止日期前完成	工程签约后,在所针对的项目实施前完成
	编制依据和条件	施工准备及施工条件未完全落实,具有不确定性	编制依据和施工条件具有相应的确定性、稳定性和完善性
	编制内容	除基本内容外,根据招标要求可能还包括:合理化建议、备选方案、业主的施工配合及准备工作,承包商资质及业绩证明文件、拟派项目主要管理人员资历及业绩等。对涉及设计、建造的项目,还应包括深化设计方案及图纸	在投标技术文件的指导下,根据工程客观实际条件、企业相关技术文件规定编制,可以引用或参考其队管理文件
	特点	战略性、规划性	实施性、指导性
	编制人员和程序	由投标单位工程技术部门组织,采购估算部门人员配合,一次性、全面性地对工程项目施工组织的规划和指导	由项目经理组织项目部的技术、生产等管理人员,根据实际条件对工程项目(可分阶段、分部位)制定实施性的施工组织设计
	审核人员	招标单位及业主方面的主管人员和相关专家	承包商内部各部门及项目部各有关人员、业主现场代表和监理人员

设计单位编制的施工组织设计是在初步设计(或技术设计)阶段,在对现场进行充分调查的基础上编制而成的,施工单位的施工组织设计则更是对各项工程进行深入调研后所作出的周密的施工安排。而投标施工组织则在时间上、方案上都有特殊的要求,时间紧、调查现场有限、方案要令招标单位满意和信服等,给投标施工组织的编制增加了难度,要求编制者具有足够的知识和经验。

(3)阅读对象不同。设计单位的施工组织设计主要供设计人员、施工人员阅读及上级有关部门审阅;施工单位的施工组织是供上下左右全方位的相关人员阅读。而投标施工组织则是供招标单位及相关人员评标、定标的投标文件,阅读者基本上是高水平的专业人员或领导,因此要求施工组织设计要有较高的水准。

(4)内容幅度不同。由于投标施工组织设计是投标书的组成部分,而不像其他施工组织设计自成一体,加之其阅读对象的特殊性,可不必对所设计的工程对象进行全面交代,如工程概况、主要工程数量等内容,招标部门相关人员都比较清楚,不必作详细交代。因此,投标施工组织设计的内容应着重于工程的施工方案与安排及其相关的三控制、一管理(工期、质量、安全控制及合同管理)。

(5)内容结构不同。因投标文件中的施工组织设计编制好坏的最终衡量标准就是看在评标时能否取得最高评分,因此其内容结构与顺序的编排应响应招标文件的要求,招标文件对施工组织设计明确要求的内容,每一条都不得遗漏。招标文件中没有明确要求但应该包括的内容,编制施工组织设计时要增补进去,这样做既能使施工组织设计更具有完整性,又可以避免因招标文件不严谨、不完善造成投标人丢分的现象发生。同时,施工组织设计的内容顺序、编制序号也与投标文件一致,对于标后施工组织设计,则无上述限制,也不会引起上述后果。

(6)责任水平不同。设计阶段施工组织设计是编制概(预)算的依据,而概算是工程项目投资的最高限额。施工阶段的施工组织设计是在施工阶段中实施并不断加以完善的过程,其施工组织设计必须具有实施性。而投标施工组织设计仅用于工程投标,工程中标后,对后续施工组织设计具有一定的指导意义,若没有中标,则完成了其使命。所以,投标施工组织设计可具有一定的先进性,若有关方案一时还未研究成熟,但中标后有能力解决,也可以先进行安排,以求竞争取胜。

(7)编制者不同。投标施工组织设计一般主要由企业经营部门的管理人员编写,文字叙述上规划性、客观性强。标后施工组织设计一般主要由工程项目部的技术管理人员编写,文字叙述上具体直观、作业性强。

二、投标施工组织设计(标前施工组织设计)的编制要求和编制内容

1. 编制要求

(1)合法性。投标施工组织设计是投标单位向招标单位发出的具有法律效力的承诺,因此,要求投标单位加盖单位公章,有法人代表的签字,并进行密封递缴交招标人。

(2)技术性。投标施工组织设计是投标企业各专业工程师组织人员讨论、编写、审核,总工最后审批的技术性文件。因此应有编制人、审核人、审批人的签名。否则,只能证明该企业在施工技术上处于失控状态。

(3)针对性。每个工程都具有其使用功能、结构类型、地质条件、环境社会因素的特征,施工组织设计应抓住其特点、重点进行描述,应对未来施工具有预见性,对施工中的重点、难点问题提出相应的解决措施,这才能体现出企业的水平。

(4)对应性。招标文件对施工单位投标都提出了具体要求,投标施工组织设计一定要响应招标文件的要求,仔细阅读招标文件。千万不能离开招标文件,问三答四。

(5)动态性。投标施工组织设计应在实施过程中依据实际变化的情况不断修改和完善的过程。因此,在招、投标阶段的施工组织设计一般只提出大致的方略,中标以后再进一步细化。不要急于把今后所有的问题一次性全部解决,这也是不可能的。

(6)相关性。投标施工组织设计既是各专业的互相配合,就要处理好各专业之间的程序和关系。比如模板的安装与拆除,在方案设计时,不仅考虑安装还要考虑如何拆除。

(7)加工性。施工组织设计是企业技术人员通过脑力劳动,对各方素材进行加工的过程,并非是照着教材、规范抄写一遍。尽量少用空洞的口号、保证,关键提出如何保证的措施。达到什么标准、规范要写清楚,以及采用什么方法去接近、达到甚至超过这个标准。

(8)切忌抄袭和照搬。一些投标单位不会起草或图省事,把其他工程的施工组织设计复印几份便进行投标。照搬或抄袭的结果只能是矛盾、笑话百出,评标人员一眼便会看穿,这样

投标还不如不投的好。

(9)严肃性。文字要简明扼要、图表要整洁、内容要齐全、装帧要精美,表示投标人对招标人的尊重。

2. 编制内容

投标施工组织设计的重点是要根据招标文件的要求,认真进行调查研究,搞好方案比选,做好施工前的各项准备工作,根据招标工程的具体情况,遵循经济合理的原则,对整个工程如何进行,需从时间、空间、资源、资金等方面进行综合规划,全面平衡,并指出施工的目标、方向、途径和方法,为科学施工作出全面部署,保证按期完成建设任务。由于投标施工组织设计是投标书的组成部分,在编写过程中,要避免冗长的文字叙述,多采用图表进行表达,尽可能的一目了然。投标施工组织设计的编制内容主要包括以下几方面:

1)招标工程特点及施工招标要求

投标施工组织设计应重点表达投标人对招标工程施工任务的认识和理解,特别是对招标人关注的内容给予高度重视,还应反映投标人对招标工程概况的全面了解和对施工技术的难点和施工组织工作的关键问题的把握。

2)施工部署

重点反映投标人在项目施工中的施工总体顺序安排和总体现场部署,反映施工作业队伍和施工管理队伍的投入与安排,突出投标人有能力、能确保项目施工按招标人要求全面实现。

3)施工方案及主要项目施工方法

投标施工组织设计中施工方案的选择和确定,应重点突出选择方案的先进合理性和项目适应性,即反映投标人对项目施工方案的论证、对比分析成果;另外对施工方案中的技术难点和施工组织的关键环节要具备可靠的技术措施及监控手段,突出投标施工方案的切实可行性。在编写时要特别注意突出重点,抓住主要项目和关键施工环节的施工方案,兼顾全面,切合实际,语言简练,切忌繁复。

4)施工进度计划及施工进度表

投标施工组织设计中,进度计划主要反映施工进度安排的合理性、可行性以及保障措施,对施工工期缩短的可能计划和相应配套措施及相应进度图表。

5)施工平面布置图

施工平面布置图主要反映投标人施工现场的施工展开布局,突出对施工任务的适应性和对施工管理、环境保护等方面的适应性、合理性。

6)其他内容

主要突出施工质量的保障监管体系,安全施工的保障监管体系,以及施工技术的支持保障体系;突出对招标文件中要求的其他内容的实质性响应;另外,可以附上更准确反映投标人施工技术管理水平和施工特色优势的材料和文件。

3. 标前施工组织设计编制的注意事项

1)体现企业的综合实力

投标施工组织设计是施工企业对拟建工程施工所作的总体部署和对工程质量、安全、工期等所作的承诺,也是招标方了解投标方企业管理水平,施工技术水平,机械设备装备能力等各方面的一个窗口。因此,在编制投标施工组织设计时要注意从总体上体现本企业的综合能力,反映出本企业的实际水平。

2) 做好有针对性的调查研究

要注意有针对性地收集各种技术资料,并做好相应的调查研究工作。这是编制投标施工组织设计的重要基础。一方面,要仔细了解工程本身的情况,如对于不可见因素(如地下管网情况)要详细认真做好调查研究,确保获得真实的第一手资料。另一方面,要确切掌握本企业各方面的实际情况。同时,要透彻理解招标文件,对施工组织、施工技术方面的问题,在全面掌握的基础上,抓住关键。只有这样才能做好投标施工组织设计。

3) 充分认识时间紧迫和资料不全带来的困难

从颁发招标文件到正式投标,时间往往只有半个月,有时时间甚至更短。在这期间,从了解情况、审查图纸到编制方案时间十分紧张。同时,编制投标施工组织设计时,所提供的资料往往不能齐全,有的无地质报告,有的施工图不齐全,要达到招标要求,对编制合格的投标施工组织设计无疑更增大了难度。

4) 力求可行和先进

投标施工组织设计是投标文件中的一个重要组成部分。其将面对一批具有丰富经验的专家,受到严格的审查和可能提出的多方面的质疑。因此,投标施工组织设计要尽量做到考虑全面周到,重点突出,特别是施工方案应力求做到可行性强,且具有先进性,以保证竞争能力。

5) 尽可能应用有关软件进行编制

有条件时,应尽量采用计算机编制投标施工组织设计。应利用计算机绘制施工网络计划图,进行深基础抗支护结构和大体积混凝土的计算,以及进行文字编辑工作,这样可以节约大量时间,这对投标施工组织设计的编制时间相对紧迫的特点尤为适宜。运用相关的计算机软件系统进行投标组织设计,还能快速地对各种不同施工方法的质量、工期、安全、经济性作出综合性的评估和优选,以确保所选用的施工方法是科学的,能体现最佳经济效益。

6) 把握好行文方式

投标施工组织设计具有特定的功用。面对特定的对象,决定了它不仅要与一般施工组织设计有不尽相同的内容取舍,且在行文方面也需有相应的不同之处,具体应注意以下几点:

(1) 摆正位置,切忌用指令性的语气行文。

(2) 尊重其他投标方,不掺杂对第三者的褒贬内容。

(3) 重点突出,针对性强,文体明快。

(4) 行文流畅,图文并茂,装帧工整、美观。

(5) 不采用仅在本单位内部使用的语汇,以防止引起误解。

(6) 与投标书中的其他部分文件内容协调一致,避免出现差异甚至矛盾。

(7) 对本单位证件、资料的复印件要用钢笔或毛笔加注"用于×××工程"投标字样。

(8) 进度表、平面图等关键内容要用醒目、标准的线型与图例绘制。

三、投标施工组织设计的经济效益原则

1. 投标施工组织设计的效益原则

投标施工组织设计是投标人按招标条件和产品标准,以较短的工期、最佳的方案、合理的报价和较少的投入,向业主提供合格和优良产品,并在方案的实施中自身获取一定效益的经济技术文件。因此在编制施工组织设计过程中如何处理好工期、质量、成本之间的关系,将制订施组方案与综合效益紧密结合,贯穿于项目承揽的始终,使投标施工组织真正起到指导报价、指导施工和争取适度效益的作用,是投标施工组织设计的目的所在。

1)加强标前工作,掌握充分信息

信息是企业管理的基础,投标工作更离不开信息。因为要参加投标,就必须了解基建动态,并收集工程所在地有关的政治、经济、民事、价格、交通等信息,不做好这一工作,参加投标就无从谈起。标前工作的另一项重要内容是对项目的选择,在跟踪项目的过程中,要对项目的可靠性和可行性进行调查。可靠性调查主要是对项目的合法性、业主资信和风险性进行调查,以减少和避免承揽工程的盲目性,排除那些风险大、可靠性低的项目;可行性调查主要是对较规范的招标项目进行外部环境、招标条件和设计意图等方面的调查,以便对项目进行投标决策。项目选择的依据有两点:一是完成该项目的专业技术和设备能力,二是可能获取效益的程度。前者是定性,即参与投标的可能性;后者是定量,即可能获取的最小利润。从而根据本单位的具体情况,决定投标的策略。

2)优化施工方案,增进综合效益

施工组织设计草案形成后,对施工方案进一步优化是一项极其重要的工作。在投标阶段做好这项工作,可以增加方案的合理、可行、可靠程度,让业主放心满意;对施工组织进一步优化,可以充分调动承建单位自身潜力,充分发挥自身优势和自我调节功能,合理组织投入,在精心管理、科学运筹中,千方百计确保工期、质量,降低施工成本,增加自身效益。

3)考虑预算外费用,防止效益流失

目前国内大多数建设项目招标,还是根据一定的定额和法定费率编制概算和标价的,有些特殊的工程由于定额缺项,补充定额又来不及,只好套用类似定额和取费办法,必然存在费用考虑不周的现象。

例如:某隧道属于高瓦斯隧道,而定额中对这一现象有时没有反映,在编制概算时,往往只能按常规隧道查阅相关定额和按常规概算编制办法计算费用,通过施工组织设计可知,高瓦斯隧道的施工难度远远高于常规隧道,费用的支出将大大超出预算,要在施工组织设计中予以妥善安排。

4)适当投入设备,增加技术含量

在现代土建项目施工中,机械设备的投入是一大项,有时占施工总投入的一半以上,在制订和优化施工组织设计时,应按工程规模、工期要求和技术条件分档次、类型,动态地进行机械设备的配套,尽可能地利用现有设备,充分发挥既有潜能,不要人为地提高设备档次。

随着建筑市场竞争日趋激烈和科学技术的不断进步,施工投标文件必须提高质量,施工组织设计必须加大技术含量。因此,作为企业要重视基础工作,建立企业定额,要树立良好的企业形象和社会信誉,要强化全员的竞争意识。

2. 投标施工组织设计与投标报价的配合

投标工作是一项相当复杂的"价值工程",其中投标报价是其最基本、最关键的要素,在投标中,报价 = 预算造价 ± 内部因素 ± 市场信息。施工组织设计是投标报价工作的纲,有了这个纲才能确定预算造价所涉及的施工方法、工艺流程、劳动组织、临时设施、工期安排、进度要求等,同时,施工组织设计又是对企业的施工技术、后备物资的来源及供应情况、机械规格和总的数量等内部因素的综合反映,只有先进、合理、可行的施工组织设计,才能进行合理适度的报价。因此,二者要密切配合,浑然一体,为此应主要做好如下工作:

(1)充分认识施工组织设计与报价不可分割的密切关系,二者之间既有分工又有协作,若能由具有丰富经验且一专多能的人进行主持,则更为理想。

(2)克服重施工轻经济的思想,加强协作配合,共同调查,共同研究施工组织设计与报价的有关问题。

（3）不断积累资料，不断更新数据，以提高工作效率，增强竞争能力。

（4）针对工程的关键，采用新技术，开发新成果，进行集中讨论，集体攻关。既要在技术工艺上有所创新，同时也要在报价上降低，以增加中标的可能。

（5）在投标过程中，投标当事人要把握主动权，一是靠策略，二是靠实力。除了管理实力、经济实力外，编制施工组织设计主要靠技术实力，它是企业的经验展示，也是能力的体现。不同体系、不同类型的标的物在投标报价阶段施工组织设计应有不同侧重。

①对于高层建筑，重点突出垂直运输设备的选择，并着重考虑发挥主导机械的效率，所选机械型号应尽可能少，使各种辅助机械或运输工具与主导机械生产能力协调一致，达到整体效果最佳。方案中，优选成套设备的成熟技术，通过先进技术措施和保证体系，以保证计划工期以及质量等级目标的实现。

②对于小区建筑，着重解决施工总平面图的布置，完善各栋之间平行与工种间立体交叉的搭接顺序衔接关系，控制总工期，考虑主要的大宗材料扩大型设备的进场时间、临时设施计划等。

③对商业楼突出底部商业层的提前交付使用，使建设单位施工期提前受益，考虑分段移交，确保营业正常与施工安全措施。

④对特种结构及构筑物，着重突出投标者以往类似工程的施工经理，优选成熟的技术与先进工艺，如采用滑模升板，自密实混凝土等。

⑤提出修改设计方案，着重解决对设计不合理且可改变设计之处，以及构件、材料的替换作用。一方面按原设计制订施工组织设计，提出报价，另附上修改设计的比较方案并作相应的报价，连同投标书同时密封送达招标单位。巧用修改设计往往能达到出奇制胜的效果。

（6）基于报价变化的投标施工组织设计调整。通过一定的计算，可对标的物得出一个底价，底价并不是报价，而是据此从宏观上确定企业在投标工程项目中可能的、恰当的总的利润和效益，作一定幅度的增减调整。相应的施工组织设计也要进行相应的调整。调整从以下几方面考虑。

①根据技术的变化加以调整，从而进一步降低报价。
②根据建设单位方案改动或投资变动加以调整。
③根据竞争对手的信息、情报资料加以调整。

总之，投标的报价与施工组织设计时间紧、资料粗、变化多，投标者既要一举中标承揽工程，又要降低风险多盈利，就必须编好施工组织设计，制订好报价策略。

四、投标施工组织设计案例

见教材配套的电子资料。

学习任务二　施工组织总设计

1. 什么施工组织总设计，其作用有哪些？
2. 施工组织总设计的编制依据和编制内容是什么？

一、概述

1. 施工组织总设计作用

施工组织总设计是以整个建设项目或若干个单体建筑物工程为编制对象,根据初步设计或扩大初步设计图纸以及其他有关资料和现场施工条件而编制,对整个建设项目进行全盘规划,是指导全场性的施工准备工作和组织全局性施工的综合性技术经济文件。一般是由总承包单位或大型项目经理部的总工程师主持编制。

施工组织总设计的主要作用有以下几方面:

(1)为建设项目或群体工程的施工作出全局性的战略部署。

(2)为做好施工准备工作、保证资源供应提供依据。

(3)为组织施工提供科学方案和实施步骤。

(4)为施工单位编制工程项目生产计划和单位工程的施工组织设计提供依据。

(5)为确定设计方案的施工可行性和经济合理性提供依据。

2. 施工组织总设计编制依据

其编制依据如表4-2所示。

编 制 依 据　　　　　　　　　　　表4-2

序号	项目	内容
1	计划文件及有关合同	包括国家批准的基本建设计划、可行性研究报告、工程项目一览表、分期分批施工项目和投资计划、主管部门的批件、施工单位上级主管部门下达的施工任务计划、招投标文件及签订的工程承包合同、工程材料和设备的订货合同等
2	设计文件及有关资料	包括建设项目的初步设计、扩大初步设计或施工图设计的有关图纸、设计说明书、建筑总平面图、建设地区区域平面图、建筑竖向设计、总概算或修正概算等
3	工程勘察和原始资料	包括建设地区地形、地貌、工程地质及水文地质、气象等自然条件;交通运输、能源、预制构件、建筑材料、水电供应及机械设备等技术经济条件;建设地区政治、经济文化、生活、卫生等社会生活条件
4	现行规范、规程和有关技术规定	包括国家现行的施工及验收规范、操作规程、定额、技术规定和技术经济指标

3. 施工组织总设计编制程序

其编制程序如图4-1所示。

二、施工组织总设计编制内容

施工组织总设计的编制主要包括:编制依据、工程概况、施工总体部署、主要施工方案、目标管理、施工总进度计划、资源需要量及施工准备工作计划、施工总平面布置。

1. 工程概况

施工组织总设计的工程概况是对工程及所在地区特征的一个总的说明部分,一般应描述项目施工总体概况、设计概况、建安工作量及工程量、建设地区自然经济条件、施工条件、工程特点及重点、难点分析,承包范围。工程概况介绍时应简明扼要、重点突出、层次清晰,必要时辅以图表说明。

(1)建设项目特点。建设项目特点包括:工程性质、建设地点、区域位置、建设规模、总占地面积、总建筑面积、总工期、分期分批投入使用的项目和工期;主要工种工程量、设备安装及其吨数;总投资额、建筑安装工程量、工厂区和生活区的工作量;生产流程和工艺特点;建筑结构类型、新技术、新材料的复杂程度和应用情况等。

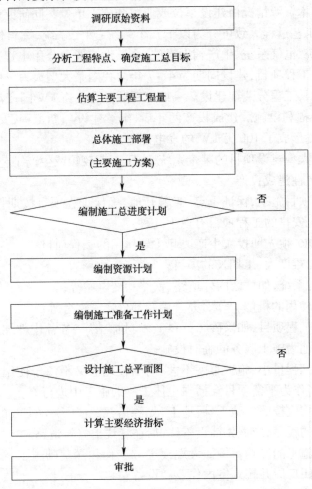

图4-1 施工组织总设计编制程序

(2)建设场地特点。主要介绍建设地区的自然条件和技术经济条件,包括地形、地貌、水文、地质、气象以及建设地区资源、交通、运输、水、电、劳动力、生活设施等情况。

(3)建设单位或上级单位主管部门对施工的要求。

(4)其他,如土地征用范围居民搬迁情况等。

2. 施工总体部署

施工部署是对整个建设项目全局作出的统筹规划和全面安排,其主要解决影响建设项目全局的重大战略问题。施工部署由于建设项目的性质、规模和客观条件不同,其内容和侧重点会有所不同。一般应包括以下内容:确定工程开展程序、拟定主要工程项目的施工方案、明确施工任务划分与组织安排、编制施工准备工作计划等。

(1)工程开展程序是指:根据建设项目总目标的要求,确定工程分期分批施工的合理开展程序。对于一些大型工业企业项目,如冶金联合企业、化工联合企业、火力发电厂等项目都是由许多工厂或车间组成的,确定施工开展程序时,应主要考虑以下几点:

①在保证工期的前提下,实行分期分批建设,既可使各具体项目迅速建成,尽早投入使用,

133

又可在全局上实现施工的连续性和均衡性,减少暂设工程数量,降低工程成本。

对于大中型工业建设项目,一般应该在保证工期的前提下分期分批建设。至于分几期施工,各期工程包含哪些项目,则要根据生产工艺要求、建设单位或业主要求、工程规模大小和施工难易程度、资金、技术资源情况由建设单位或业主和施工单位共同研究确定。如一个大型火力发电厂工程,按其工艺过程大致可分为以下几个系统:热工系统、燃料供应系统、除灰系统、水处理系统、供水系统、电气系统、生产辅助系统、全厂性交通及公用工程生活福利系统等。每个系统都包含许多的工程项目,建设周期为 4~7 年。我国某大型火力发电厂工程,由于技术、资金、原料供应等原因,工程分两期建设。一期工程装两台 2 万 kW 国产汽轮发电机组和各种辅助生产、交通、生活福利设施。建成投产两年后,继续建设二期工程,安装一台 60 万 kW 国产汽轮发电机组,最终形成了 100 万 kW 的发电能力。

对于小型企业或大型建设项目的某个系统,由于工期较短或生产工艺的要求,亦可不必分期分批建设,采取一次性建成投产。

②统筹安排各类项目施工,保证重点,兼顾其他,确保工程项目按期投产。按照各工程项目的重要程度,应优先安排的工程项目有以下几种:

a. 按生产工艺要求,须先期投入生产或起主导作用的工程项目;

b. 工程量大、施工难度大、工期长的项目;

c. 运输系统、动力系统,如厂区内外道路、铁路和变电站等;

d. 生产上需先期使用的机修、车床、办公楼及部分家属宿舍等;

e. 供施工使用的工程项目,如采砂(石)场、木材加工厂、各种构件加工厂、混凝土搅拌站等施工附属企业及其他为施工服务的临时设施。

对于建设项目中工程量小、施工难度不大、周期较短而又不急于使用的辅助项目,可以考虑与主体工程相配合,作为平衡项目穿插在主体工程的施工中进行。

③所有工程项目均应按照先地下、后地上,先深后浅,先干线后支线的原则进行安排。如地下管线和修筑道路的程序,应该先铺设管线,后在管线上修筑道路。

④要考虑季节对施工的影响。例如大规模土方工程和深基础施工,最好避开雨季。寒冷地区入冬以后最好封闭房屋并转入室内作业和设备安装。

对于大中型的民用建设项目(如居民小区),一般亦应按年度分批建设。除考虑住宅以外,还应考虑幼儿园、学校、商店和其他公共设施的建设,以便交付使用后能保证居民的正常生活。

(2)根据施工开展程序和主要工程项目施工方案,编制好施工项目全场性的施工准备工作计划。主要内容包括:

①安排好场内外运输、施工用主干道、水、电、气来源及其引入方案。

②安排场地平整方案和全场性排水、防洪。

③安排好生产和生活基地建设。包括商品混凝土搅拌站、预制构件厂、钢筋、木材加工厂、金属结构制作加工厂、机修厂等。

④安排建筑材料、成品、半成品的货源和运输、储存方式。

⑤安排现场区域内的测量工作,设置永久性测量标志,为放线定位做好准备。

⑥编制新技术、新材料、新工艺、新结构的试制试验计划和职工技术培训计划。

⑦冬、雨季施工所需的特殊准备工作。

(3)主要工程项目的施工方案。施工组织总设计中要拟定一些主要工程项目的施工方案。这些项目通常是建设项目中工程量大、施工难度大、工期长,对整个建设项目的完成起关键性作用的建筑物(或构筑物),以及全场范围内工程量大、影响全局的特殊分项工程。拟定主要项目施工方案的目的是进行技术和资源的准备工作,也为工程施工的顺利开展和工程现场的合理布置提供依据。应计算其工程量,确定工艺流程,选择大型施工机械和主要施工方法等。

对施工方法的确定要兼顾技术工艺的先进性和经济上的合理性,对施工机械的选择,应使主导机械的性能既能满足工程的需要,又能发挥其效能,能够实现综合流水作业,减少其拆、装、运的次数对于辅助配套机械,其性能应与主导施工机械相适应,以充分发挥主导施工机械的工作效率。

选择主要工种工程的施工方法时,应尽量采用预制化和机械化方法。即能在工厂或现场预制或在市场上可以采购到成品的,不在现场制造,能采用机械施工的应尽量不进行手工作业。

(4)施工任务划分与组织安排。在明确施工项目管理体制、机构的条件下,划分各参与施工单位的工作任务,明确总包与分包的关系,建立施工现场统一的组织领导机构及职能部门,确定综合的和专业化的施工组织,明确各单位之间分工与协作的关系,划分施工阶段,确定各单位分期分批的主导项目和穿插项目。

3. 目标管理

目标管理如表4-3所示。

目标管理项目及内容　　　　　　　　　　　　　表4-3

序号	项目	内　　容
1	质量目标	(1)包括单项工程质量目标和建设项目质量目标。 (2)施工质量保证措施。 ①组织保证措施:根据工程特点建立项目施工质量体系,明确分工职责和质量监督制度,落实施工质量控制责任; ②技术保证措施:编制项目质量计划、完善施工质量控制点和控制标准,加强培训和交底,加强施工过程控制; ③经济保证措施:保证资金正常供应;加大奖罚力度;保证施工资源正常供应; ④合同保证措施:全面履行工程承包合同,及时监督检查分包单位施工质量,严把质量关
2	工期目标	(1)包括建设项目总工期目标;独立交工系统工期目标;单项工程工期目标。 (2)工期保证措施。 ①组织保证措施:从组织上落实工期控制责任,建立工期控制协调制度; ②技术保证措施:编制工程施工进度总计划、单项工程进度计划、分阶段进度计划等多级网络计划,加强计划动态控制; ③经济保证措施:保证资金正常供应;加大奖罚力度;保证施工资源正常供应; ④合同保证措施:全面履行工程承包合同,及时协调分包单位施工进度
3	安全目标	(1)包括建设项目安全总目标,独立交工系统施工安全目标;独立承包项目施工安全目标;单项工程安全目标。 (2)安全保证措施。 ①组织保证措施:建立安全组织机构,确定各单位和责任人职责及权限,建立健全安全管理规章制度; ②技术保证措施:编制项目安全计划、工种安全操作规程,选择安全适用的施工方案,落实安全技术交底制; ③经济保证措施:保证资金正常供应;加大奖罚力度;保证安全防护资源及设施正常供应; ④合同保证措施:全面履行工程承包合同,加强分包单位安全管理

续上表

序号	项目	内　容
4	环保目标	（1）包括建设项目施工总环保目标；独立交工系统施工环保目标；独立承包项目施工环保目标；单项工程施工环保目标。 （2）环保保证措施。 ①组织保证措施：建立施工环保组织机构，确定各单位和责任人职责及权限，建立健全环保管理规章制度； ②技术保证措施：根据工程特点、明确施工环保内容，编制针对性强的施工环保方案； ③经济保证措施：保证资金正常供应；加大奖罚力度；保证环保用资源及设施正常供应； ④合同保证措施：全面履行工程承包合同，加强分包单位环保管理
5	其他目标	（1）确定建设项目其他总目标及单项工程其他目标； （2）制定其他目标保证措施

4. 施工总进度计划

施工总进度计划是根据施工部署和施工方案，合理确定各单项工程的控制工期及它们之间的施工顺序和搭接关系的计划。其作用在于确定各个施工项目及其主要工种工程、准备工作和整个工程的施工期限以及开竣工日期。同时，也为制订资源需要量计划、临时设施的建设和进行现场规划布置提供依据。

1）计算工程量

根据批准的总承建工程项目一览表，分别计算各工程项目的工程量。由于施工总进度计划主要起控制性作用，因此项目划分不宜过细，可按确定的工程项目的开展程序排列，应突出主要项目，一些附属、辅助工程及小型工程，临时建筑物工程可以合并。

计算各工程项目的工程量的目的是为了正确选择施工方案和主要的施工、运输安装机械，初步规划各主要工程的流水施工，计算各项资源的需要量。因此工程量计算只需粗略计算，可按初步（或扩大初步）设计图纸并根据各种定额手册进行计算。常用的定额、资料有以下几种：

（1）概算指标。这种定额分别按建筑物的结构类型、跨度、层数、高度等分类，给出每$100m^3$建筑体积和每$100m^2$建筑面积的劳动力和主要材料消耗指标。

（2）万元、十万元投资工程量、劳动力及材料消耗扩大指标。这种方法规定了某一种结构类型建筑、每万元或十万元投资中劳动力、主要材料等消耗数量。根据设计图纸中的结构类型，即可求得拟建工程各分项需要的劳动力和主要材料的消耗数量。

（3）标准设计或已建的同类型建筑物、构筑物的资料。在缺乏上述几种定额手册的情况下，可采用标准设计或已建成的类似工程实际所消耗的劳动力及材料，加以类推，按比例估算。但是，由于和拟建工程完全相同的已建工程是极为少见的，因此在采用已建工程资料时，一般都要进行换算调整。这种消耗指标都是各单位多年积累的经验数据，实际工作中常用这种方法计算。

除房屋外，还必须计算其他全工地性工程的工程量，例如场地平整、铁路、道路及各种管线长度等，这些可根据建筑总平面图来计算。

将计算所得的各项工程量填入工程量汇总表中，如表4-4所示。

工程项目工程量汇总表　　　　　　　　　表4-4

工程项目分类	工程项目名称	结构类型	建筑面积	幢(跨)数	概算投资	主要实物工程量				
						场地平整	土方工程	桩基工程	…	装饰工程	…
			100m²	个	万元	1000m²	1000m²	100m²		1000m²	
A 全工地性工程											
B 主体项目											
C 辅助项目											
D 永久住宅											
E 临时建筑											
合计											

2) 确定各建筑物或构筑物的施工期限

建筑物或构筑物的施工期限,应根据施工单位的施工技术力量、管理水平、施工项目的建筑结构特征、建筑面积或体积大小、现场施工条件、资金与材料供应等情况综合确定。确定时还应参考工期定额。工期定额是根据我国各部门多年来的施工经验,在调查统计的基础上,经分析对比后制定的。

3) 确定各建筑物或构筑物的开竣工时间和相互搭接关系

在施工部署中已确定总的施工期限、总的展开程序,再通过上面对各建筑物或构筑物施工期限(即工期)进行分析确定后,就可以进一步安排各建筑物或构筑物的开竣工时间和相互搭接关系及时间。在安排各项工程搭接施工时间和开竣工时间时,应考虑下列因素:

(1) 同一时间进行的项目不宜过多,避免人力物力分散。

(2) 要辅—主—辅的安排,辅助工程(动力系统、给排水系统、运输系统及居住建筑群、汽车库等)应先行施工一部分,这样既可以为主要生产车间投产时使用又可以为施工服务,以节约临时设施费用。

(3) 安排施工进度时,应尽量使各工种施工人员、施工机械在全工地内连续施工,尽量组织流水施工,从而实现火力、材料和施工机械的综合平衡。

(4) 要考虑季节影响,以减少施工措施费。一般大规模土方和深基础施工应避开雨季,大批量的现浇混凝土工程应避开在冬季,寒冷地区入冬前应尽量做好围护结构,以便冬季安排室内作业或设备安装工程等。

(5) 确定一些附属工程或零星项目作为后备项目(如宿舍、商店、附属或辅助车间、临时设施等),作为调节项目,穿插在主要项目的流水施工,以使施工连续均衡。

(6) 应考虑施工现场空间布置的影响。

4) 编制施工总进度计划表

施工总进度计划可以用横道图表达,也可以用网络图表达。由于施工总进度计划只是起控制性作用,因此不必过细,若把计划编得过细,由于在实施过程中情况复杂多变,调整计划反而不便。当用横道图表达总进度计划时,项目的排列可按施工总体方案所确定的工程开展程序排列。横道图上应表达出各施工项目的开竣工时间及其施工持续时间。表4-5所示为施工总进度计划的表格形式。

施工总进度计划表　　　　　　　　　　　　　　表 4-5

序号	工程项目名称	结构类型	建筑面积（m²）	工作量（万元）	工作月数	施工进度表							
						20××年（季度）				20××年（季度）			
						一	二	三	四	一	二	三	四

5）施工总进度计划的检查与调整优化

施工总进度计划表绘制完后，应对其进行检查，检查应从以下几个方面进行。

（1）是否满足项目总进度计划或施工总承包合同对总工期以及起止时间的要求；

（2）各施工项目之间的搭接是否合理；

（3）整个建设项目资源需要量动态曲线是否均衡；

（4）主体工程与辅助工程、配套工程之间是否平衡。

对上述存在的问题，应通过调整优化来解决。施工总进度计划的调整优化，就是通过改变若干工程项目的工期，提前或推迟某些工程项目的开竣工日期，即通过工期优化、工期—费用优化和资源优化的模式来实现的。

6）制订施工总进度计划保证措施

保证措施如表 4-6 所示。

施工总控进度计划保证措施　　　　　　　　　　　表 4-6

序号	项目	内容
1	组织保证措施	从组织上落实进度控制责任，建立健全进度控制的执行、管理、协调制度
2	技术保证措施	编制施工进度计划实施细则；建立多级网络计划和周作业计划体系；加强施工动态控制
3	经济保证措施	确保资金正常供应；执行奖惩制度；紧急工程采用协商单价；保证各项资源的正常供给
4	合同保证措施	全面履行工程承包合同；及时协调分包单位施工进度

5. 各项资源需要量计划

1）综合劳动力和主要工种劳动力需要量计划

劳动力综合需要量计划是确定暂设工程规模和组织劳动力进场的依据。编制时首先根据工种工程量汇总表中分别列出的各个建筑物专业工种的工程量，查相应定额，便可得到各个建筑物几个主要工种的劳动量，再根据总进度计划表中各单位工程工种的持续时间，即可得到某单位工程在某段时间里的平均劳动力数。同样方法可计算出各个建筑物的各主要工种在各个时期的平均工人数。将总进度计划表纵坐标方向上各单位工程同工种的人数叠加在一起并连成一条曲线，即为某工种的劳动力动态曲线图和计划表。

2）材料、构件及半成品需要量计划

根据各工种工程工程量汇总表所列各建筑物和构筑物的工程量，查施工定额或概算指标便可得出各建筑物或构筑物所需的建筑材料、构件和半成品的需要量。然后根据总进度计划表，大致估计出某些建筑材料在某季度的需要量，从而编制出建筑材料、构件和半成品的需要量计划。它是材料和构件等落实组织货源、签订供应合同、确定运输方式、编制运输计划、组织进场、确定临时工程规模的依据。

3）施工机具、设备需要量计划

主要施工机械，如挖土机、起重机等的需要量，应根据施工进度计划、主要建筑物施工方案和工程量，并套用机械产量定额求得；辅助机械可以根据建筑安装工程每十万元扩大概算指标求得;运输机械的需要量根据运输量计算。最后编制施工机具需要量计划,施工机具需要量计划除为组织机械供应外,还可作为施工用电、选择变压器容量等的计算和确定停放场地面积的依据。

6. 施工总平面图的绘制

施工总平面图是拟建项目施工场地的总布置图。它按照施工方案和施工进度的要求,对施工现场的道路交通、材料仓库、附属企业、临时房屋、临时水电管线等作出合理的规划布置,从而正确处理全工地施工期间所需各项设施和永久建筑、拟建工程之间的空间关系。

1)施工总平面图设计的内容

(1)建设项目施工总平面图上的一切地上、地下已有的和拟建的建筑物、构筑物以及其他设施的位置和尺寸;

(2)一切为全工地施工服务的临时设施的布置位置,包括施工用地范围,施工用的各种道路,加工厂、制备站及有关机械的位置;

(3)各种建筑材料、半成品、构件的仓库、加工厂、堆场、取土弃土位置;

(4)水源、电源、变压器位置,临时给排水管线和供电、动力设施位置;

(5)机械化装置、车库位置;

(6)一切安全、消防设施位置;

(7)永久性测量放线标桩位置。

许多规模巨大的建筑项目,其建设工期往往很长。随着工程的进展,施工现场的面貌将不断改变。在这种情况下,应按不同阶段分别绘制施工总平面图,或者根据工地的变化情况,及时对施工总平面图进行调整和修正,以便符合不同时期的需要。

2)施工总平面图设计的原则

(1)尽量减少施工用地,少占农田,使平面布置紧凑合理。

(2)合理组织运输,减少运输费用,保证运输方便通畅。

(3)施工区域的划分和场地的确定,应符合施工流程要求,尽量减少专业工种和各工程之间的干扰。

(4)充分利用各种永久性建筑物、构筑物和原有设施为施工服务,降低临时设施的费用。

(5)各种生产生活设施应便于工人的生产生活。

(6)满足安全防火、劳动保护的要求。

3)施工总平面图设计的依据

(1)各种设计资料,包括建筑总平面图、地形地貌图、区域规划图、建筑项目范围内有关的一切已有和拟建的各种设施位置。

(2)建设地区的自然条件和技术经济条件。

(3)建设项目的建筑概况、施工方案、施工进度计划,以便了解各施工阶段情况,合理规划施工场地。

(4)各种建筑材料构件、加工品、施工机械和运输工具需要量一览表,以便规划工地内部的储放场地和运输线路。

(5)各构件加工厂规模、仓库及其他临时设施的数量和外廓尺寸。

4)施工总平面图的设计步骤

(1)场外交通的引入。设计全工地性施工总平面图时,首先应从研究大宗材料、成品、半成品、设备等进入工地的运输方式入手。当大宗材料由铁路运来时,首先要解决铁路的引入问题;当大批材料是由水路运来时,应首先考虑原有码头的运用和是否增设专用码头问题;当大批材料是由公路运入工地时,由于汽车线路可以灵活,相应设施也可灵活布置。

①铁路运输。当大量物资由铁路运入工地时,应首先解决铁路由何处引入及如何布置问题。一般大型工业企业、厂区内都设有永久性铁路专用线,通常可将其提前修建,以便为工程施工服务。但由于铁路的引入将严重影响场内施工的运输和安全,因此,铁路的引入应靠近工地一侧或两侧。仅当大型工地分为若干个独立的工区进行施工时,铁路才可引入工地中央。此时,铁路应位于每个工区的侧边。

②水路运输。当大量物资由水路运进现场时,应充分利用原有码头的吞吐能力。当需增设码头时,卸货码头不应少于两个,且宽度应大于2.5m,一般用石或钢筋混凝土结构建造。

③公路运输。当大量物资由公路运进现场时,一般先将仓库、加工厂等生产性临时设施布置在最经济合理的地方,再布置通向场外的公路线。

(2)仓库与材料堆场的布置。通常考虑设置在运输方便、位置适中、运距较短并且安全防火的地方。区别不同材料、设备和运输方式来设置。

①当采用铁路运输时,仓库通常沿铁路线布置,并且要留有足够的装卸前线。如果没有足够的装卸前线,必须在附近设置转运仓库。布置铁路沿线仓库时,应将仓库设置在靠近工地一侧,以免内部运输跨越铁路。同时仓库不宜设置在弯道处或坡道上。

②当采用水路运输时,一般应在码头附近设置转运仓库,以缩短船只在码头上的停留时间。

③当采用公路运输时,仓库的布置较灵活。一般中心仓库布置在工地中央或靠近使用的地方,也可以布置在靠近于外部交通连接处。砂石、水泥、石灰木材等仓库或堆场宜布置在搅拌站、预制场和木材加工厂附近;砖、瓦和预制构件等直接使用的材料应该直接布置在施工对象附近,以免二次搬运。工业项目建筑工地还应考虑主要设备的仓库(或堆场),一般笨重设备应尽量放在车间附近,其他设备仓库可布置在外围或其他空地上。

(3)加工厂布置。各种加工厂布置,应以方便使用、安全防火、运输费用最少、不影响建筑安装工程施工的正常进行为原则;一般应将加工厂集中布置在同一个地区,且多处于工地边缘。各种加工厂应与相应的仓库或材料堆场布置在同一地区。

①混凝土搅拌站。根据工程的具体情况可采用集中、分散或集中与分散相结合的3种布置方式。当现浇混凝土量大时,宜在工地设置混凝土搅拌站;当运输条件好时,以采用集中搅拌或选用商品混凝土最有利;当运输条件较差时,以分散搅拌为宜。

②预制加工厂。一般设置在建设单位的空闲地带上,如材料堆场专用线转弯的扇形地带或场外临近处。

③钢筋加工厂。区别不同情况,采用分散或集中布置。对于需进行冷加工、对焊、点焊的钢筋和大片钢筋网,宜设置中心加工厂,其位置应靠近预件构件加工厂;对于小型加工件,利用简单机具成型的钢筋加工,可在靠近使用地点的分散的钢筋加工棚里进行。

④木材加工厂。要视木材加工的工作量、加工性质和种类决定是集中设置还是分散设置几个临时加工棚。一般原木、锯材堆场布置在铁路专用线、公路或水路沿线附近;木材加工场亦应设置在这些地段附近;锯木、成材、细木加工和成品堆放,应按工艺流程布置。

⑤砂浆搅拌站。对于工业建筑工地,由于砂浆量小分散,可以分散设置在使用地点附近。

⑥金属结构、锻工、电焊和机修等车间。由于它们在生产上联系密切,应尽可能布置在一起。

(4)布置内部运输道路。根据各加工厂、仓库及各施工对象的相对位置,研究货物转运图,区分主要道路和次要道路,进行道路的规划。规划厂区内道路时,应考虑以下几点。

①合理规划临时道路与地下管网的施工程序。在规划临时道路时,应充分利用拟建的永久性道路,提前修建永久性道路或者先修路基和简易路面,作为施工所需的道路,以达到节约投资的目的。若地下管网的图纸尚未出全,必须采取先施工道路,后施工管网的顺序时,临时道路就不能完全建造在永久性道路的位置,而应尽量布置在无管网地区或扩建工程范围地段上,以免开挖管道沟时破坏路面。

②保证运输通畅。道路应有两个以上进出口,道路末端应设置回车场地,且尽量避免临时道路与铁路交叉。厂内道路干线应采用环形布置,主要道路宜采用双车道,宽度不小于6m,次要道路宜采用单车道,宽度不小于3.5m。

③选择合理的路面结构。临时道路的路面结构,应当根据运输情况和运输工具的不同类型而定。一般场外与省、市公路相连的干线,因其以后会成为永久性道路,因此,一开始就建成混凝土路面;场区内的干线和施工机械行驶路线,最好采用碎石级配路面,以利修补。场内支线一般为土路或砂石路。

5)行政与生活临时设施布置

行政与生活临时设施包括:办公室、汽车库、职工休息室、开水房、小卖部、食堂、俱乐部和浴室等。根据工地施工人数,可计算这些临时设施的建筑面积。应尽量利用建设单位的生活基地或其他永久建筑,不足部分另行建造。

一般全工地性行政管理用房宜设在全工地入口处,以便对外联系;也可设在工地中间,便于全工地管理。工人用的福利设施应设置在工人较集中的地方,或工人必经之处。生活基地应设在场外,距工地500~1000m为宜。食堂可布置在工地内部或工地与生活区之间。

6)临时水电管网及其他动力设施的布置

当有可以利用的水源、电源时,可以将水电从外面接入工地,沿主要干道布置干管、主线,然后与各用户接通。临时总变电站应设置在高压电引入处,不应放在工地中心;临时水池应放在地势较高处。当无法利用现有水电时,为了获得电源,可在工地中心或工地中心附近设置临时发电设备,沿干道布置主线;为了获得水源可以利用地表水或地下水,并设置抽水设备和加压设备(简易水塔或加压泵),以便储水和提高水压,然后把水管接出,布置管网。施工现场供水管网有环状、枝状和混合式3种形式,根据工程防火要求,应设立消防站,一般设置在易燃建筑物(木材、仓库等)附近,并须有通畅的出口和消防车道,其宽度不宜小于6m,与拟建房屋的距离不得大于25m,也不得小于5m,沿道路布置消防栓时,其间距不得大于100m,消防栓到路边的距离不得大于2m。

临时配电线路布置与水管网相似。工地电力网,一般3~10kV的高压线采用环状,沿主干道布置;380/220V低压线采用枝状布置。工地上通常采用架空布置,距路面或建筑物不小于6m。

上述布置应采用标准图例绘制在总平面图上,比例一般为1:1000或1:2000。应该指出,上述各设计步骤不是截然分开、各自孤立进行的,而是互相联系、互相制约的,需要综合考虑,反复修正才能确定下来。当有几种方案时,尚应进行方案比较。

7)施工总平面图的科学管理

(1)建立统一的施工总平面图管理制度,划分总图的使用管理范围。各区各片有人负责,严格控制各种材料、构件、机具的位置、占用时间和占用面积。

(2)实行施工总平面动态管理,定期对现场平面进行实录、复核,修正其不合理的地方,定期召开总平面执行检查会议,奖优罚劣,协调各单位关系。

(3)做好现场的清理和维护工作,不准擅自拆迁建筑物和水电线路,不准随意挖断道路。大型临时设施和水电管路不得随意更改和移位。

三、施工组织总设计案例

见教材配套的电子资源。

学习任务三　单位工程施工组织设计

1. 什么单位施工组织设计,其作用有哪些?
2. 单位工程施工组织设计的编制依据和编制内容是什么?
3. 单位工程施工组织设计的平面图布置要注意些什么?

一、编制概述

1. 作用

《建筑施工组织设计规范》(GB/T 50502—2009)中对单位工程施工组织设计的概念进行了明确的定义:以单位(子单位)工程为主要对象编制的施工组织设计,对单位(子单位)工程的施工过程起指导和制约作用。作为指导单位工程施工准备好现场施工的全局性技术经济文件。它的主要作用有以下几点:

(1)贯彻施工组织总设计,具体实施施工组织总设计对该单位工程的规划精神。

(2)编制该工程的施工方案,选择其施工方法、施工机械,确定施工顺序,提出实现质量、进度、成本和安全目标的具体措施,为施工项目管理提出技术和组织方面的指导性意见。

(3)编制施工进度计划,落实施工顺序、搭接关系,各分部分项工程的施工时间,实现工期目标。为施工单位编制作业计划提供依据。

(4)计算各种物质、机械、劳动力的需要量,安排供应计划,从而保证进度计划的实现。

(5)对单位工程的施工现场进行合理设计和布置,统筹合理利用空间。

(6)具体规划作业条件方面的施工准备工作。

单位工程施工组织设计对建筑施工具有指导和矫正作用。通过它可以合理安排人工、机械、材料,从而保证建筑工程的施工进度和施工质量。同时通过严格执行施工组织设计又可以很好地提高施工人员安全生产和文明施工意识,从而树立起良好的施工形象,这对一个施工单位具有极其深远的意义。

2. 单位工程施工组织设计编制程序

单位工程施工组织设计的编制程序如图4-2所示。

二、单位工程施工组织设计的编制内容

单位工程施工组织设计的编制内容,一般应包括编制依据、工程概况、施工部署、施工准备、主要施工方法、主要管理措施、施工进度计划、施工平面图布置等。

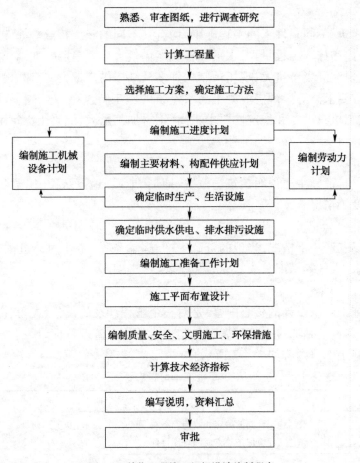

图 4-2 单位工程施工组织设计编制程序

1. 编制依据
(1) 本单位工程的建筑工程施工合同、设计文件；
(2) 与工程建设有关的国家、行业和地方法律、法规、规范、规程、标准、图集；
(3) 施工组织纲要、施工组织总设计；
(4) 企业技术标准等。

2. 工程概况

一般包括工程总体简介、工程建设地点特征、各专业设计主要简介（包含工程典型的平、立、剖面图或效果图）、主要室内外工程设计简介、施工条件、工程特点及重难点分析等内容。这个部分主要是让组织者和决策者了解工程全貌、把握工程特点，以便科学地进行施工部署及选择合理的施工方案。

1) 工程建设概况

主要说明：拟建项目的建设单位，工程名称、性质、用途、作用和建设的目的，资金来源及工程投资额、开竣工日期、设计单位、施工单位、施工图纸情况，施工合同、主管部门的有关文件和要求，以及组织施工的指导思想等。

2) 工程特点

主要介绍工程设计图纸的情况，特别是设计中是否采用了新结构、新技术、新工艺、新材料等内容，提出施工的重点和难点，阅后使人对工程有一个总体了解。

3）施工特点

不同类型的建筑,不同条件下的工程施工,均有其不同的施工特点。如砖混结构住宅建筑的施工特点是:砌体和抹灰工程量大,水平和垂直运输量大等。单层排架结构厂房的施工特点是:基础挖土量及现浇混凝土量大,现场预制构件多及结构吊装量大,土建、设备电器管道等施工安装的协作配合要求高等。现浇混凝土高层建筑的施工特点是:地下室基坑支护结构安全要求高,结构和施工机具设备和稳定性要求主高,钢材加工量大,混凝土浇筑困难,脚手架搭设要进行设计计算等。

4）现场情况

亦称建设地点特征。主要说明建筑物位置、地形、地质、地下水位、气温冬雨季时间、主导风向以及地震烈度等情况。

5）施工条件

简要介绍现场三通一平情况,当地的资源生产、运输条件,企业内部机械等情况及承包方式,现场供电、供水、供气等情况。

3. 施工部署

施工部署是施工组织设计的核心内容,是对整个工程涉及的任务、人力、资源、时间、空间、工艺的总体安排,其目的是通过合理部署顺利实现各项施工管理目标。

单位工程的施工部署内容如表4-7所示。

单位工程施工部署内容 表4-7

序号	部署内容	说明
1	施工管理目标	根据施工合同的约定和政府行政主管部门的要求,制定工期、质量、安全目标和文明施工、消防、环境保护等方面的管理目标
2	施工部署原则	为实现本单位工程的各项管理目标,应确定的主导思想,即采用什么样的组织手段和技术手段去完成合同要求
3	总体施工顺序	是施工部署在流程图上的反映,受施工程序、施工组织、工序逻辑关系的制约
4	项目经理部组织机构	项目经理部应根据工程的规模、结构、复杂程度、专业特点等设置足够的岗位,其人员组成以机构方框图的形式列出,明确各岗位人员的职责
5	计算主要工程量	总承包单位按照施工图纸计算主要分项、分部工程的工程量,据此编制施工进度计划、划分流水段、配置资源等
6	施工进度计划	施工进度计划是施工部署在时间上的体现。应按施工组织总设计或施工组织纲要中的总控进度计划编制,住宅工程和一般公用建筑可用横道图表示,大型公共建筑应用网络图表示
7	原材料、构配件、设备的加工及采购计划	应根据施工进度计划制定原材料、构配件、设备的加工及采购计划
8	劳动力计划	按工程的施工阶段列出各工种劳动力计划,并绘制以时间为横坐标、人数为纵坐标的劳动力动态管理图
9	协调与配合	应明确项目经理部与工程监理单位及各参建单位之间需要配合、协调的范围和方式

4. 施工准备

包括技术准备和资源准备几方面内容,在单位工程施工组织设计里,应列出具体准备的内容,当有责任人及时间要求时,应注明责任人及完成时间,保证准备工作顺利实施。

5. 主要施工方法

这是单位施工组织设计的核心内容,施工方案各施工方法选择得是否合理,将直接影响到工程进度、施工质量、安全生产和工程成本。

1)施工方案的选择

单位工程的施工方案是该单位工程施工的战术性决策意见,应在若干个初步方案基础上进行筛选优化后确定。在编制单位工程施工方案时,具体应确定施工程序和施工流水方向等。

(1)确定施工程序。施工程序是指单位工程中各分部工程或施工阶段的先后次序,主要是解决时间搭接上的问题。通常情况下,应遵守先地下后地上、先土建后设备、先主体后围护、先结构后装修的原则。

在工业项目建设中,由于有工业管道和工艺设备等安装,所以还存在着土建和设备安装的程序安排,在编制施工方案时,应予以合理安排,这对加快工程进度,早日竣工投产影响较大。工业项目建设中土建与设备安装的相互程序常有3种方式。

①先土建施工,后设备安装施工:即待土建主体结构完成后,再进行设备基础及设备安装施工,也称封闭施工,这适用于施工场地较小或设备比较精密的项目。其优点是有利于基础及构件的现场预制、拼装和就位,能加快主体结构的施工进度;设备基础及设备安装能在室内施工,不受气温影响,可减少防雨防寒等设施费用;有时还能利用厂房内的桥式吊车为设备基础和设备安装服务。其缺点是设备基础施工时,不便于采用机械挖土;当设备基础挖土深度大于厂房基础时,应有相应的安全措施保护厂房基础的安全;由于不能提前为设备安装提供作业面,因而总的工期相对较长。

②先进行设备安装施工,后进行土建主体结构施工(也称敞开式施工):其优缺点与封闭式施工刚好相反。有些重工业厂房或设备安装期较长的厂房,常常采用此种程序安排施工。进行土建施工时,对安装好的设备应采取一定的保护措施。

③土建施工与设备安装施工同时进行:土建施工应为设备安装施工创造必要的条件,同时,要防止砂浆等垃圾污染、损坏设备。施工场地宽敞或建设工期较急的项目,可采用此种程序安排。

(2)确定施工流水方向。如果说施工程序是单位工程各分部工程或施工阶段在时间上的先后顺序,那么施工流水方向则是指单位工程在平面或空间上的施工顺序,它的合理确定将有利于扩大施工作业面,组织多工种平面或立体流水作业,缩短施工周期和保证工程质量。

施工流水方向的确定,是单位工程施工组织设计的重要环节。

2)主要分部分项施工方法的选择

这是各分部分项工程施工操作的具体指导性意见,如有多种施工方法可以选择时,应作技术、经济分析比较后,择优选择合理而切实可行的施工方法。在确定各分部分项工程的施工方法时,应明确的一些具体问题分述如下。

(1)土石方工程。

①根据土方量大小,首先确定是用人工挖土,还是用机械挖土。当采用人工挖土时,应按速度要求确定投入劳动力数量,并确定如何分段施工。如采用机械挖土时,应先选择机械挖土的方式,确定挖土机行走路线,确定正铲开挖,还是反铲开挖,或是拉铲开挖;其次应确定挖土机的型号和数量,以充分利用机械能力,达到最高的挖土效率。

②在地形较复杂的地区进行场地平整时,应进行土方平衡计算,绘制平衡调配表,确定运输方式(即人力运输、人力车运输或汽车运输等)。

③当有石方时,应确定石方的爆破方法及所需机具、材料。

④确定地面水、地下水的排除方法,确定排水沟、集水井点布置以及所需设备的型号和数量。

⑤如挖土深度较深,应根据土壤类别确定边坡坡度或土壁的支护方法、确保安全施工。

(2)基础工程。

①如有深基础标高不同时,应明确基础施工的先后顺序,标高的控制以及质量、安全措施等。

②明确各种变形缝的留置方法及注意事项。

③如混凝土基础需设置施工缝时,应明确留置位置、技术要求等。

④对于桩基施工,由于桩基型号较多,主要应明确设备的选择、入土的方法和深度的控制、检测以及质量要求等。

⑤地下室如采用防水混凝土时,应事先做好防渗试验,确定用料要求及有关技术措施等。

(3)砌筑工程。

①应明确砖墙的组砌方法和质量要求。

②明确砌筑施工中的流水分段和劳力组合方式等。

③明确砖砌体与钢筋混凝土构造柱、圈梁、阳台、楼梯等构件的连接要求。

④对拱圈等特殊形式砌体,要在支模、砌筑、拆模等方面有明确的质量要求和技术措施。

⑤明确砌筑脚手的搭设用料、形式和技术要求。

⑥当楼层有体型较大或重量较重的设备需要在主体工程结束后进入安装时,往往在主体结构的某一部位从外墙至安装的房间留出通道,这时,通道部分的砌体暂时不砌,但需做好临时安全措施,如墙上过梁加大断面或配筋,以安全承受上部荷重。

(4)混凝土及钢筋混凝土。

①模板类型和支承方式的确定:根据不同的结构类型、现场的施工条件和企业实际施工装备,确定要使用的模板种类(指钢模、木模、工具式模板等)和支承方法(指钢、木支承)、人力和降低成本,必要时应绘制模板放样图或排列图。同时,还应确定模板供应渠道,是向租赁商租用,还是内部其他工地调拨。

②钢筋工程应选择恰当的钢筋加工运输和安装方法,明确在工厂加工和现场加工的范围,明确钢筋焊接方法。如果钢筋作现场预应力张拉时,应详细制订预应力钢筋的加工、运输和安装和检测等方法,明确所用设备、仪表的具体要求。

③确定混凝土施工方法:应将整个工程项目或每一层次的混凝土及构件情况列出明细表,明确哪些构件现场浇筑,哪些构件现场预制或工厂预制。应尽可能扩大构件的预制工程量,特别是工厂化预制工程量。

④确定混凝土的浇筑顺序,施工缝的留置位置,分层浇筑的高度,工作班次,浇捣方法以及有关养护等制度。

⑤如施工有防水要求的特殊混凝土工程,应事先做好防渗透等试验工作,明确用料和施工操作等要求。

⑥对浇筑厚大体积的混凝土或钢筋混凝土工程,应制订防止产生温度裂缝的措施,落实测温孔的设置和测温工作。

⑦当在严寒天气或酷暑季节浇筑混凝土工程时,应制订相应的防冻和降温措施,明确使用外加剂的品种,掺用比例及控制方法等。

(5)结构吊装工程。

①选择合理的结构吊装方案:根据结构件的几何尺寸、重量及安装高度等参数,确定吊装方案(如分件吊装或综合吊装),选择恰当的吊装机械(设备)和行走路线。一般来说,结构吊装方案决定预制构件的平面位置和堆放位置。

②有些跨度较大的建筑物的屋面吊装,主要应认真制订吊装工艺,如吊点位置的设定,吊索的长短及夹角大小的确定,起吊和扶正时的临时稳固措施,垂直测量方法等。

③对于砌块工程的安装,事先应编制"楼面砌块堆放图",做到有序堆放,便于安装,避免数量或多或少,或规格不对,造成砌块倒运,造成浪费,影响施工操作。

(6)装饰装修工程。

①应明确装饰装修工程进入现场施工的时间,施工顺序和产品保护等具体要求,尽可能做到结构、装修穿插施工,合理交叉施工,以缩短工期。

②较高级的室内装修应先做样板间,通过设计、业主、监理等联合认定后,再全面展开工作。

③室外装修工程应明确脚手架设置。饰面材料应有防止渗水、防止坠落,金属材料应有防止锈蚀的措施。

④屋面防水工程的施工,主要应明确防水材料的质量要求,各施工层次的操作标准及相互搭接要求,凸出屋面的细部操作要求等。

(7)脚手架工程。

①应明确内外脚手架的用料、搭设方法和安全措施。外墙脚手架大多从地面开始搭设,根据土质情况,应有防止脚手架不均匀不沉的措施。高层建筑的外墙脚手架应每隔几层与主体结构作固定拉结,以使脚手架整体上稳固。高层建筑的外墙脚手架不应从地面开始一直到顶,应分段搭设,一般每段5~8层,大多采用工字钢或槽钢作外挑或组成钢三脚架外挑的做法。

②应明确特殊部位的脚手架搭设方案,如施工现场的主要出入口处脚手架应留有较大的空位,便于行人甚至车辆进出。空位两边和上边均应用双杆处理,并局部加强剪刀撑设置,加强与主体结构的拉结固定。

③室内施工宜采用轻型的、工具型脚手架,装拆方便省工,成本低。跨度较大或高度较高的厂房屋顶天花板喷刷工程宜采用移动式脚手架进行逐间、逐段施工,以减少脚手架用料并降低施工成本,又不影响其他工程施工。

(8)土建施工与设备安装工程的衔接。在土建施工过程中,经常碰到与设备安装工程的衔接问题,特别是在工业厂房和公共建筑中,由于设备管道较多,安装时间先后不一,所以在土建施工中,应主动与设备专业联系,了解设备数量尺寸、质量、进场时间以及运输和安装情况(指整机运输或分件运输)等,以便在各分项工程施工中做好衔接工作,避免不必要的返工损失。

3)现场垂直运输和水平运输方案选择

在多层建筑和高层建筑施工中,垂直运输设备的选择十分重要,它与工程进度、安全生产和施工成本都有着密切的关系,因此,在编制施工组织设计时,应在技术经济等方面多方案比较后选用经济合理的垂直运输设备。通常情况下,可作以下考虑:

(1)砖混结构类型的多层住宅工程垂直运输主要运送大量砖块和砂浆,一般可选取用轻型移动式或固定塔式起重机,也可选取用井字架(带摇臂杆)。这类垂直运输设备使用方便、运输量大、成本低,结构吊装中即使出现"死角"区,通过人力等辅助运输也可以解决。

有的砌筑工程,砌筑前用塔吊先按规格、数量吊至楼面各使用部位,而在砌块砌筑过程中小范围的垂直运输则可采用装拆方便、移动灵活的楼面台吊,既方便施工,又能加快施工进度。

(2)框架结构的高层住宅或商住楼工程,主体结构阶段主要运送大量的模板、钢筋;装饰阶段则主要运送砂浆和装饰材料。因此,主体结构阶段主要以各类塔吊为主,主体结构封顶后,塔吊吊杆的回转受到限制,装修阶段可以改用附墙式井架为主,或用人货两用的外运电梯,这样也可节约塔吊费用。

(3)各类塔式起重机的装拆过程和使用过程中易受周围环境影响,气候影响(如民房影响、各类架空线影响等),因此,要详细制订安全措施,坚持操作人员持证上岗制度,防止发生意外事故,造成损失。

(4)水平运输设备的选择:施工现场水平运输设备的选择,应根据运输工作量的大小,运输距离的远近因地制宜予以选用。如砖大多采用手推车,如与塔吊配合,大多使用砖笼;现场混凝土、砂浆如采用集中搅拌,则通常选用机动翻斗车。

6. 主要管理措施

单位工程的主要管理措施一般是分包管理措施、保证工期措施、保证质量措施、保证安全措施、消防措施、环保管理措施、文明工地管理措施等,要进行分别编制,各措施中应有相应的管理体系,并以方框图表示。

保证工程进度的措施:①采用先进施工技术和合理组织流水作业施工,如采用工具式、组合式模板,拆装方便,损耗少,效率高;组织流水作业施工,扩大施工作业面。②规范操作程序:使施工操作能紧张而有序进行,避免返工和浪工,促使进度加快。

保证工程质量措施:①建立各级技术责任制,完善内部质量保证体系,明确各级技术人员的职责范围,做到职责明确,各负其责。②推行全面质量管理活动,开展质量竞赛,制订奖优罚劣措施。③定期进行质量检查活动,召开质量分析会议。④加强人员培训工作,如对使用的新技术、新工艺或新材料,或是质量通病顽症,应进行分析讲解,以提高施工操作人员的质量意识和工作质量,从而确保工程质量。⑤制订、落实季节性施工技术措施,如雨季、夏季高温及冬期施工措施等。

保证安全措施:①建立各级安全生产责任制,明确各级施工人员的安全职责。②制订重点部位的安全生产措施,如土石方施工时,应明确边坡稳定的措施;对各种机电设备应明确安全用电、安全使用措施;外用电梯、井架、塔吊等与主体结构拉接的措施;脚手架防止倾斜、倒塌的措施;易燃易爆品、危险品的储存、使用安全措施;季节性施工安全措施;各施工部位要有明显的安全警示牌等。③加强安全交底工作,施工班组要坚持每天开好班前会,针对施工操作中的安全及质量等问题及时进行提示教育。④定期进行安全检查活动和进行安全生产分析会议,对不安全因素及时进行整改。⑤重视加强对新工人的安全知识教育,需要持证上岗的部位要持证上岗。

降低施工成本措施:①临时设施尽量利用已有的各项设施,或利用已建工程,或采用活动板房等,以减少临时设施费用。②砂浆、混凝土中掺用外加剂,节约水泥用量。有些大体积的基础混凝土,按有关规定可采取60d龄期强度作为混凝土等级强度,亦可掺入场25%左右的块石,以节约水泥用量。③在楼面结构层施工和室内装修施工中,采用工具模板、工具式脚手架,以节约模板和脚手架费用。④合理使用垂直运输设备和吊装设备,尽量减少机械设备停置费用,缩短大型和重型机械设备的进场施工时间,避免多次重复进场使用。⑤采用先进的钢筋焊接技术,以节约钢筋。⑥加快工程款的回收工作。

文明施工措施:①建立现场文明施工责任制,做到随做随清,谁做谁清。②各种材料、构件进场应根据工程进度有序进入,避免盲目进场或后用先进等情况,进入现场的材料、构件应堆放整齐。③定期进行检查活动,针对薄弱环节,不断总结提高。④做好成品保护和机械保养工作。

7. 单位工程施工进度计划

单位工程施工进度计划是以施工方案为基础,根据合同工期和技术物资供应条件,遵循合理的施工工艺顺序和统筹安排各项施工活动的原则进行编制的,它的任务是为整个施工活动以及各分项活动指明一个确定的施工日期,即时间计划。反过来说也是控制施工总进度和各分项工程施工进度的主要依据,也是编制季度、月度及旬施工作业计划以及各项资源需用量的依据。施工进度计划的主要作用是明确各分部分项工程的施工时间及其相互之间的衔接、配合关系;确定所需劳动力、机械、材料等资源随时间进展的供应计划,指导现场施工并确保施工任务的如期完成。

1) 编制要求

单位工程进度计划编制要求如表 4-8 所示。

进度计划编制要求　　　　　　　表 4-8

序号	项目	说明
1	编制原则	施工进度计划是施工部署在时间上的体现,要贯彻空间占满、时间连续、均衡协调、有节奏、力所能及、留有余地的原则,组织好土建与专业工程的插入、施工机械进退场、材料设备进场与各专业工序的关系
2	编制依据	工程承包合同、工程量、施工方案及方法、投入的资金及资源等
3	编制要点	通过各类参数的计算找出关键线路、选择最优方案;明确基础、主体结构、装饰装修三大分部工程形象进度控制、大型机械进场退场、季节性施工、专业配合与土建施工的关系,计划编排应层次分明、形象直观,分段流水的工程要以网络图表示标准层的各段工序的流水关系,并说明工序的工程量和塔式起重机吊次计算等
4	编制要求	工序安排要符合逻辑关系,遵循"先地下后地上、先结构后围护、先主体后装饰、先土建后专业"的一般施工程序,并明确各阶段的工期目标,处理好工期目标与现场配备的施工设施、资金投入、劳动力之间的相互关系
5	各专业表现形式	土建进度以分层、分段的形式反映,专业进度按分系统、分干线和支线的形式反映;体现出土建以分层、分段平面展开;专业工种分系统以干线垂直展开,水平方向分层按支线配合土建施工的特点

2) 编制各项资源需用量计划

单位工程施工进度计划表编制各项资源的需用量计划,主要是劳动力需用量、施工机具设备需用量、主要建筑材料及构配件需用量等。这些计划是施工组织设计的组成部分,也是施工单位做好施工准备和物资供应工作的主要依据。

(1) 劳动力需用量计划:编制劳动力需用量计划时,应详细分析各工种(或主要工种)人员的变化情况,宜画出各工种人员的动态图或表。

(2) 施工机具设备需用量计划:施工机具设备需用量计划是根据施工进度计划(方案)编制的主要施工机具设备的名称、数量、规格、型号、进退场时间以及机具设备的来源(指添置或是企业内部调拨)。

(3) 主要材料需用量计划:主要材料需用量计划是按照施工预算、材料耗用定额和施工进度计划编制的,作为备料、供料和确定仓库、堆场面积以及运输方式等的依据,编制时应明确材料名称、规格品种及使用时间等。

(4)构配件需用量计划:构配件一般指金属构件(包括预埋件)、木构件和钢筋混凝土构件等,根据施工图和施工进度计划分别进行编制,并落实加工单位,施工中按时、按数量规格组织进场。

3)单位工程进度计划各阶段工期安排

其安排情况如表4-9所示。

进度计划各阶段工期安排　　　　　　表4-9

序号	施工阶段	工期安排		原因
1	基础及地下结构施工阶段	工期较计算工期适当延长		(1)各项施工资源配备不充分或正在配备中; (2)图纸变更多、图纸熟悉程度不够; (3)施工处于磨合期等
2	地上结构施工阶段	首层及非标准层	工期较计算工期适当延长	层高较高或非标准构件较标准层多
3		标准层	宜加快施工速度,工期较计算工期适当缩短	管理、资源供应、施工都进入正常阶段
4	屋面施工阶段	时间安排上不宜过紧,工期较计算工期适当延长		构造层多、层面设备多、技术间歇时间多
5	装饰施工阶段	工期较计算工期适当延长,装修及安装阶段的时间应充裕		装饰及专业分包多、组织协调工作量大,设计变更多、交叉施工穿插多
6	季节性施工阶段	施工速度应比平常放缓,工期较计算工期适当延长		考虑天气对施工的降效影响

8.施工平面图

单位工程施工平面图(表4-10)是对拟建工程的施工现场所作的平面规划和布置,是施工组织设计的重要内容。施工平面图应对施工所需的机械设备、加工场地、材料加工半成品和构件堆放场地以及临时运输道路、临时供水、供电、供热管线和其他临时设施等进行合理的规划布置,是现场文明施工的基本特征。对于工程比较复杂或施工期较长的单位工程,施工平面图往往随工程进度(如基础、结构、装饰装修等)分阶段地进行调整,以适应各不同施工期的需要。现场场地安排布置见表4-11。

施工平面布置图包括的内容　　　　　　表4-10

序号	项　目	内　容
1	建筑总平面图内容	包括单位工程施工区域范围内的已建和拟建的地上、地下建筑物和构筑物,周边道路、河流等,平面图的指北针、风向玫瑰图、图例等
2	大型施工机械	包括垂直运输设备(塔式起重机、井架、施工电梯等)、混凝土浇筑设备(地泵、汽车泵等)、其他大型机械布置等
3	施工道路	道路的布置、临时便桥、现场出入口位置等
4	材料及构件堆场	包括大宗施工材料的堆场(如钢筋堆场、钢构件堆场)、预制构件堆场、周转材料堆场、现场弃土点等
5	生产性及生活性临时设施	包括钢筋加工棚、木工棚、机修棚、混凝土拌和楼(站)、仓库、工具房、办公用房、宿舍、食堂、浴室、文化服务房、现场安全设施及防火设施等
6	临水、临电	包括水源位置及供水和消防管线布置、电源位置及管线布置、现场排水沟等

表 4-11

现场场地安排

场地类型	场 地 安 排
场地宽敞	遵循"节地、紧凑、经济、方便生产"的布置原则
场地狭窄	（1）施工安排应优先考虑缓解场地压力问题，如做好基坑的及时回填，利用不影响关键线路的施工区域作为材料的临时堆场、底板大体积混凝土划分小区域浇筑、结构施工时装修滞后插入等。 （2）分析各阶段施工特点，做好场地平面的动态布置，临建房屋应优先采用装配式房屋。 （3）生产和办公用临时设施设置应注意节地和提高用地效率，如提高临建房屋的层数、架设物料平台。 （4）现场应尽可能设置环形道路或最大限度地延伸道路，并设置进出口大门。 （5）作好材料、设备进场的计划控制，做到材料、设备随工程进度随用随进。 （6）选择先进的施工方法，减少周转材料的落地。 （7）多利用现场外区域作为现场施工的辅助区域，如向外租赁场地设置生活区和钢筋加工区，与环境管理部门协商占用辅道作为泵车、混凝土罐车临时使用场地等。 （8）狭窄场地的临时设施布置和场地安排时，应尽可能减少对周边环境的不利影响和危害

三、实例分析——单位工程施工组织设计实例

见教材的电子资源库。

学习任务四　专项方案施工组织设计

1. 什么专项方案施工组织设计，其作用有哪些？
2. 专项方案施工组织设计的编制依据和编制内容是什么？
3. 专项方案施工组织设计的编制程序有哪些？

危险性较大的分部分项工程安全专项施工方案（以下简称"专项方案"），是指施工单位在编制施工组织（总）设计的基础上，针对危险性较大的分部分项工程单独编制的安全技术措施文件。

一、专项方案施工组织设计编制

1. 专项施工方案编制的内容

（1）工程概况：危险性较大的分部分项工程概况、施工平面布置、施工要求和技术保证条件。

（2）编制依据：相关法律、法规、规范性文件、标准、规范及图纸（国标图集）、施工组织设计等。

（3）施工计划：包括施工进度计划、材料与设备计划。

（4）施工工艺技术：技术参数、工艺流程、施工方法、检查验收等。

（5）施工安全保证措施：组织保障、技术措施、应急预案、监测监控等。

（6）劳动力计划：专职安全生产管理人员、特种作业人员等。

（7）计算书及相关图纸。

2. 危险性较大的分部分项工程范围

根据中华人民共和国住房和城乡建设部于 2009 年 5 月颁布的"关于印发《危险性较大的分部分项工程安全管理办法》建质[2009]87 号"文规定,危险性较大的分部分项工程范围为:

1) 基坑支护、降水工程

开挖深度超过 3m(含 3m)或虽未超过 3m 但地质条件和周边环境复杂的基坑(槽)支护、降水工程。

2) 土方开挖工程

开挖深度超过 3m(含 3m)的基坑(槽)的土方开挖工程。

3) 模板工程及支撑体系

(1) 各类工具式模板工程:包括大模板、滑模、爬模、飞模等工程。

(2) 混凝土模板支撑工程:搭设高度 5m 及以上;搭设跨度 10m 及以上;施工总荷载 $10kN/m^2$ 及以上;集中线荷载 $15kN/m^2$ 及以上;高度大于支撑水平投影宽度且相对独立无联系构件的混凝土模板支撑工程。

(3) 承重支撑体系:用于钢结构安装等满堂支撑体系。

4) 起重吊装及安装拆卸工程

(1) 采用非常规起重设备、方法,且单件起吊重量在 10kN 及以上的起重吊装工程。

(2) 采用起重机械进行安装的工程。

(3) 起重机械设备自身的安装、拆卸。

5) 脚手架工程

(1) 搭设高度 24m 及以上的落地式钢管脚手架工程。

(2) 附着式整体和分片提升脚手架工程。

(3) 悬挑式脚手架工程。

(4) 吊篮脚手架工程。

(5) 自制卸料平台、移动操作平台工程。

(6) 新型及异型脚手架工程。

6) 拆除、爆破工程

(1) 建筑物、构筑物拆除工程。

(2) 采用爆破拆除的工程。

7) 其他

(1) 建筑幕墙安装工程。

(2) 钢结构、网架和索膜结构安装工程。

(3) 人工挖扩孔桩工程。

(4) 地下暗挖、顶管及水下作业工程。

(5) 预应力工程。

(6) 采用新技术、新工艺、新材料、新设备及尚无相关技术标准的危险性较大的分部分项工程。

3. 超过一定规模的危险性较大的分部分项工程范围

1) 深基坑工程

(1) 开挖深度超过 5m(含 5m)的基坑(槽)的土方开挖、支护、降水工程。

(2) 开挖深度虽未超过 5m,但地质条件、周围环境和地下管线复杂,或影响毗邻建筑(构筑)物安全的基坑(槽)的土方开挖、支护、降水工程。

2)模板工程及支撑体系

(1)工具式模板工程:包括滑模、爬模、飞模工程。

(2)混凝土模板支撑工程:搭设高度8m及以上;搭设跨度18m及以上,施工总荷载15kN/m² 及以上;集中线荷载20kN/m²及以上。

(3)承重支撑体系:用于钢结构安装等满堂支撑体系,承受单点集中荷载700kg以上。

3)起重吊装及安装拆卸工程

(1)采用非常规起重设备、方法,且单件起吊重量在100kN及以上的起重吊装工程。

(2)起重量300kN及以上的起重设备安装工程;高度200m及以上内爬起重设备的拆除工程。

4)脚手架工程

(1)搭设高度50m及以上落地式钢管脚手架工程。

(2)提升高度150m及以上附着式整体和分片提升脚手架工程。

(3)架体高度20m及以上悬挑式脚手架工程。

5)拆除、爆破工程

(1)采用爆破拆除的工程。

(2)码头、桥梁、高架、烟囱、水塔或拆除中容易引起有毒有害气(液)体或粉尘扩散、易燃易爆事故发生的特殊建、构筑物的拆除工程。

(3)可能影响行人、交通、电力设施、通信设施或其他建、构筑物安全的拆除工程。

(4)文物保护建筑、优秀历史建筑或历史文化风貌区控制范围的拆除工程。

6)其他

(1)施工高度50m及以上的建筑幕墙安装工程。

(2)跨度大于36m及以上的钢结构安装工程;跨度大于60m及以上的网架和索膜结构安装工程。

(3)开挖深度超过16m的人工挖孔桩工程。

(4)地下暗挖工程、顶管工程、水下作业工程。

(5)采用新技术、新工艺、新材料、新设备及尚无相关技术标准的危险性较大的分部分项工程。

二、专项方案施工组织设计编制的其他规定

建设单位在申请领取施工许可证或办理安全监督手续时,应当提供危险性较大的分部分项工程清单和安全管理措施。施工单位、监理单位应当建立危险性较大的分部分项工程安全管理制度。

施工单位应当在危险性较大的分部分项工程施工前编制专项方案;对于超过一定规模的危险性较大的分部分项工程,施工单位应当组织专家对专项方案进行论证。

建筑工程实行施工总承包的,专项方案应当由施工总承包单位组织编制。其中,起重机械安装拆卸工程、深基坑工程、附着式升降脚手架等专业工程实行分包的,其专项方案可由专业承包单位组织编制。

专项方案应当由施工单位技术部门组织本单位施工技术、安全、质量等部门的专业技术人员进行审核。经审核合格的,由施工单位技术负责人签字。实行施工总承包的,专项方案应当由总承包单位技术负责人及相关专业承包单位技术负责人签字。

不需专家论证的专项方案,经施工单位审核合格后报监理单位,由项目总监理工程师审核签字。

学习情境五　施工组织管理

【问题引入】
1. 如何进行建设工程项目质量管理、安全管理、成本管理、现场管理？
2. 施工组织管理中常见的方法有哪些？

【知识目标】
1. 熟悉建设项目的质量管理的方法；
2. 了解建设项目安全管理的概念及要点；
3. 了解建设项目成本管理的概念及要点；
4. 熟悉建设项目现场管理的概念及要点。

学习任务一　建设工程项目质量管理

1. 什么是质量管理？
2. 对验收不合格的施工产品如何处理？

质量是建设工程施工项目管理的主要控制目标之一。建设工程项目的质量管理，需要系统有效地应用质量管理和质量控制的基本原理和方法，建立和运行工程项目质量控制体系，落实项目各参与方的质量责任，通过项目实施过程各个项目质量控制的职能活动，有效预防和正确处理可能发生的工程质量事故，在政府的监督下实现建设工程项目的质量目标。

一、建设工程项目质量管理概述

1. 质量和工程项目质量

我国《质量管理体系　基础和术语》(GB/T 19000—2008)/ISO 9000:2005 关于质量的定义是：一组固有特性满足要求的程度。该定义可理解为：质量不仅是指产品的质量，也包括产品生产活动或过程的工作质量，还包括质量管理体系运行的质量；质量由一组固有的特性来表征（所谓"固有的"特性是指本来就有的、永久的特性），这些固有特性是指满足顾客和其他相关方要求的特性，以其满足要求的程度来衡量；而质量要求是指明示的、隐含的或必须履行的需要和期望，这些要求又是动态的、发展的和相对的。也就是说，质量"好"或者"差"，以其固有特性满足质量要求的程度来衡量。

建设工程项目质量是指通过项目实施形成的工程实体的质量，是反映建设工程满足相关标准规定或合同约定的要求，包括其在安全、使用功能及其在耐久性能、环境保护等方面所有明显和隐含能力的特性总和。其质量特性主要体现在适用性、安全性、耐久性、可靠性、经济性及与环境的协调性六个方面。

2. 质量管理和工程项目质量管理

我国《质量管理体系 基础和术语》(GB/T 19000—2008)/ISO 9000:2005 关于质量管理的定义是:在质量方面指挥和控制组织的协调的活动。与质量有关的活动,通常包括质量方针和质量目标的建立、质量策划、质量控制、质量保证和质量改进等。所以,质量管理就是建立和确定质量方针、质量目标及职责,并在质量管理体系中通过质量策划、质量控制、质量保证和质量改进等手段来实施和实现全部质量管理职能的所有活动。

工程项目质量管理是指在工程项虽实施过程中,指挥和控制项目参与各方关于质量的相互协调的活动,是围绕着使工程项目满足质量要求,而开展的策划、组织、计划,是组织、计划、实施、检查、监督和审核等所有管理活动的总和。它是工程项目的建设、勘察、设计、施工、监理等单位的共同职责,项目参与各方的项目经理必须调动与项目质量有关的所有人员的积极性,共同做好本职工作,才能完成项目质量管理的任务。

3. 质量管理计划的编制

(1)定义:项目质量计划的编制是指确定施工项目的质量目标和为达到这些质量目标所进行的组织管理、资源投入、专项质量控制措施和必要的工作过程。

(2)编制依据:

①工程承包合同、设计图纸及相关文件。

②企业的质量管理体系文件及其对项目部的管理要求。

③国家和地方相关的法律、法规、技术标准、规范及有关施工操作规程。

④施工组织设计、专项施工方案。

4. 施工阶段质量控制的目标

(1)建设单位的控制目标

保证整个施工过程及其成果达到项目决策所确定的质量标准。建设单位能做的是按国家质量规范进行项目管理,建设单位不允许要求施工单位违反相关规定进行施工,也不允许建设单位自行降低项目各分项工程的质量标准及克扣与质量相关的措施、检测等费用。

(2)设计单位的控制目标

通过对关键部位和重要分部分项工程施工质量验收签证、设计变更控制及纠正施工中所发现的设计问题,采纳变更设计的合理化建议等,保证竣工项目的各项施工成果与设计文件(包括变更文件)所规定的质量标准相一致。

(3)施工单位的控制目标

保证最终交付满足施工合同及设计文件所规定质量标准(含建设工程质量创优要求)的建设工程产品。施工单位对质量的控制关键是要遵守国家、地方、行业对各分部分项工程工艺及原材料的标准及要求。合同及设计文件只会在这些标准及要求的基础上进行特殊的要求。

(4)供货单位的控制目标

应按照采购供货合同约定的质量标准提供货物及其合格证明,包括检验试验单据、产品规格和使用说明书,以及其他必要的数据和资料,并对其产品质量负责。

(5)监理单位的控制目标

通过审核施工单位的施工质量文件、报告报表,采取现场旁站、巡视、平行检测等形式进行施工过程质量监理;并应用施工指令和结算支付控制等手段,正确履行对工程施工质量的监督责任，以保证工程质量达到施工合同和设计文件所规定的质量标准。

施工质量的自控和监控是相辅相成的系统过程。自控主体的质量意识和能力是关键，是施工质量的决定因素；各监控主体所进行的施工质量监控是对自控行为的推动和约束。自控主体不能因为监控主体的存在和监控职能的实施而减轻或免除其质量责任。

5. 施工质量控制的基本环节

（1）事前质量控制

事前质量控制是指正式施工前的主动控制，通过编制施工质量计划，明确质量目标，制订施工方案，设置质量管理点，落实质量责任，分析可能导致质量目标偏离的各种影响因素，针对这些影响因素制订有效的预防措施。

（2）事中质量控制

事中质量控制指在施工质量形成过程中，对影响施工质量的各种因素进行全面的动态控制。事中质量控制也称作业活动过程质量控制，包括质量活动主体的自我控制和他人监控的控制方式。自我控制是第一位的，他人监控是指作业者的质量活动过程和结果，接受来自企业内部管理者和企业外部有关方面的检查检验，如工程监理机构、政府质量监督部门等的监控。

事中质量控制的目标是确保工序质量合格，杜绝质量事故发生；控制的关键是坚持质量标准；控制的重点是工序质量、工作质量和质量控制点的控制。

（3）事后质量控制

事后质量控制也称为事后质量把关，以使不合格的工序或最终产品（包括单位工程或整个工程项目）不流入下道工序、不进入市场。事后控制包括对质量活动结果的评价、认定；对工序质量偏差的纠正；对不合格产品进行整改和处理。控制的重点是发现施工质量方面的缺陷，并通过分析提出施工质量改进的措施，保持质量处于受控状态。

以上三大环节不是互相孤立和截然分开的，它们共同构成有机的系统过程，实质上也就是质量管理 PDCA 循环的具体化，在每一次滚动循环中不断提高，达到质量管理和质量控制的持续改进。

【知识链接】

PDCA 循环管理法：PDCA 又称为"戴明环"。最早是由美国质量管理专家戴明（W. E. Deming）于 20 世纪 50 年代初提出的，并加以广泛宣传和运用于持续改善产品质量的过程中。PDCA 是四个英文单词首字母的缩写，即 P(Plan)计划、D(Do)执行、C(Check)检查、A(Action)处理。

PDCA 循环是有效进行任何一项工作的合乎逻辑的工作程序，是广泛应用于质量管理标准化、科学化的循环体系。有 4 个阶段和 8 个步骤，如图 5-1 和表 5-1 所示。

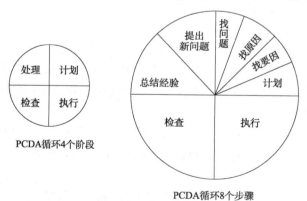

图 5-1　PDCA 循环的 4 个阶段和 8 个步骤示意图

PDCA 循环的 4 个阶段和 8 个步骤明细表　　　　表 5-1

阶段	步骤		质量管理方法
	序号	管理内容	
P——计划阶段	1	分析现状，找出问题：强调的是对现状的把握和发现问题的意识、能力，发掘问题是解决问题的第一步，是分析问题的条件	排列图法，直方图法，控制图法，工序能力分析，KJ 法，矩阵图法
	2	分析产生问题的原因：找准问题后分析产生问题的原因至关重要，把导致问题产生的所有原因统统找出来	因果分析图法，关联图法，矩阵数据分析法，散布图法
	3	要因确认：区分主因和次因是最有效解决问题的关键	排列图法，散布图法，关联图法，系统图法，矩阵数据分析法，KJ 法，实验设计法
	4	拟订措施、制订计划(5W1H)：为什么制订该措施(Why)？达到什么目标(What)？在何处执行(Where)？由谁负责完成(Who)？什么时间完成(when)？如何完成(How)？措施和计划是执行力的基础，尽可能使其具有可操作性	目标管理法，关联图法，系统图法，矢线图法，过程决策程序图法
D——执行阶段	5	执行措施、执行计划：高效的执行力是组织完成目标的重要一环	系统图法，矢线图法，矩阵图法，过程决策程序图法
C——检查阶段	6	检查验证、评估效果：把执行结果和要求的目标进行对比。"下属只做你检查的工作，不做你希望的工作"，检查验证、评估效果的重要性被 IBM 的前 CEO 郭士纳的这句话一语道破	排列图法，控制图法，系统图法，过程决策程序图法，检查表，抽样检验
A——处理阶段	7	标准化、固定成绩：标准化是维持企业治理现状不下滑，积累、沉淀经验的最好方法，也是企业治理水平不断提升的基础。可以这样说，标准化是企业治理系统的动力，没有标准化，企业就不会进步，甚至下滑	标准化，制度化，KJ 法
	8	处理遗留问题：所有问题不可能在一个 PDCA 循环中全部解决，遗留的问题会自动转进下一个 PDCA 循环，如此，周而复始，螺旋上升	转入下一个 PDCA 循环

通过 PDCA 循环进行质量改善的基本流程如图 5-2 所示。

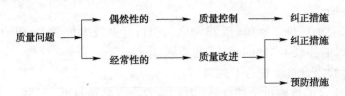

图 5-2　PDCA 循环进行质量改善的基本流程

二、建设工程项目施工质量验收

1. 施工过程质量验收的内容

施工过程的质量验收包括以下验收环节,通过验收后留下完整的质量验收记录和资料,为工程项目竣工质量验收提供依据。

1)施工质量的自检和评定

施工中真正大量的检查是施工单位以自检的形式进行,并以评定的方式给出质量状态的结果。因此施工方的自检和评定是检验批验收的基础。《建筑工程施工质量验收统一标准》(GB 50300—2013)规定,施工单位的自检有三个层次:

(1)操作者在生产(施工)过程中通过不断的自检调整施工操作的工艺参数。

(2)班组质检员对生产过程中质量状态的检查。

(3)施工单位专职检验人员的检查和评定。

自检评定"不合格"的应返工、返修,待自检评定合格后才能提交验收。但如果自检不严密,则有可能在检验批的检查中通不过验收而返工、返修。

2)检验批质量验收

所谓检验批是指"按同一的生产条件或按规定的方式汇总起来供检验用的,由一定数量样本组成的检验体","检验批可根据施工及质量控制和专业验收需要按楼层、施工段、变形缝等进行划分"。《建筑工程施工质量验收统一标准》(GB 50300—2013)规定:

检验批由施工单位的质量检查员和监理工程师(或建设单位项目专业技术负责人)共同组织验收即可,检验批合格质量应符合下列规定:

(1)主控项目的质量经抽样检验均应合格。

(2)一般项目的质量经抽样检验应合格。当采用计数抽样时,合格点率应符合有关专业验收规范的规定,且不得存在严重缺陷。

(3)具有完整的施工操作依据、质量检查记录。

主控项目内容大体分为以下几类:

(1)重要的材料、构件、配件、成品、半成品、设备及附件的主要性能。

(2)结构的强度、刚度、稳定性。

(3)重要的偏差量测项目。

一般项目若实际超出允许偏差过大(如构件或结构上的严重偏差),已严重影响到了结构的安全和使用功能,则即使是个别检查点不符合要求,也应直接判为不合格。

3)分项工程质量验收

按照国家标准《建筑工程施工质量验收统一标准》(GB 50300—2013)规定:分项工程应按主要工种、材料、施工工艺、设备类别等进行划分。分项工程的验收是在检验批的基础上进行的。因此,将构成分项工程的各检验批汇集起来,所含的全部检验批均符合合格质量的要求,则分项工程验收合格。

分项工程验收应由监理工程师(或建设单位项目专业技术负责人)组织,施工单位的项目专业技术负责人参加,体现了"共同确认"的原则。

分项工程质量验收合格应符合下列规定:

(1)分项工程所含的检验批全部合格(即均应符合合格质量的规定)。

(2)分项工程所含的检验批的质量验收记录应完整。

4)分部工程质量验收

按照《建筑工程施工质量验收统一标准》(GB 50300—2013)规定:分部工程的划分应按专业性质、建设部位确定;当分部工程较大或较复杂时,可按材料种类、施工特点、施工程序、专业系统及类别等分为若干子分部工程。

分部工程应由总监理工程师(建设单位项目负责人)组织施工单位项目负责人和技术、质量负责人等进行验收;地基与基础、主体结构分部工程的勘察、设计单位工程项目负责人和施工单位技术、质量部门负责人也应参加相关分部工程验收。

分部(子分部)工程质量验收合格应符合下列规定:

(1)所含的分项工程全部合格(即均符合合格质量的规定)。

(2)质量控制资料应完整。

(3)有关安全及功能的检验和抽样检测结果应符合有关规定。

(4)观感质量验收应符合要求。

5)单位(子单位)工程质量验收

按照国家标准《建筑工程施工质量验收统一标准》(GB 50300—2013)规定,单位工程具备两个基本条件:独立的施工条件;独立的使用功能。满足上述两项要求的建筑物或构筑物都可以划为单位工程进行验收。

验收应由施工单位先自检评定,然后向建设单位申请,由建设单位的验收应由施工单位先自检评定,然后向建设单位申请,由建设单位的项目负责人、总监理工程师、施工单位负责人、设计单位的项目负责人参加验收。应对工程质量是否符合设计和规范的要求给出明确结论,并对工程的总体质量水平做出评价。

单位(子单位)工程质量验收合格应符合下列规定:

(1)所含分部(子分部)工程全部合格(即均符合合格质量的要求)。

(2)质量控制资料完整。

(3)观感质量验收符合要求。

(4)分部(子分部)工程中有关安全、节能、环保、主要功能的检测资料完整。

(5)主要功能项目抽查结果符合有关专业质量验收规范的规定。

2.施工过程质量验收不合格的处理

施工过程的质量验收是以检验批的施工质量为基本验收单元。检验批质量不合格可能是由于使用的材料不合格,或施工作业质量不合格,或质量控制资料不完整等原因所致,按照《建筑工程施工质量验收统一标准》(GB 50300—2013)的规定,其处理方法如下:

(1)在检验批验收时,对严重的缺陷应推倒重来,一般的缺陷通过翻修或更换器具、设备予以解决后重新进行验收。

(2)个别检验批发现试块强度等不满足要求等难以确定是否验收时,应请有资质的法定检测单位检测鉴定,当鉴定结果能够达到设计要求时,应通过验收。

(3)当检验批检测鉴定达不到设计要求,但经原设计单位核算仍能满足结构安全和使用功能时,可予以验收。

(4)严重质量缺陷或超过检验批范围内的缺陷,经法定检测单位检测鉴定以后,认为不能满足最低限度的安全储备和使用功能时,则必须进行加固处理,虽然改变了外形尺寸,但能满足安全使用要求,可按技术处理方案和协商文件进行验收,责任方应承担经济责任。

(5)通过返修或加固后处理仍不能满足安全使用要求的分部工程、单位(子单位)工程,严禁验收。

3. 竣工质量验收

建设工程项目竣工验收有两层含义,一是指承发包单位之间进行的工程竣工验收,也称工程交工验收;二是指建设工程项目的竣工验收。

1)竣工工程质量验收的依据

(1)国家相关法律法规和建设主管部门颁布的管理条例和办法。

(2)工程施工质量验收统一标准。

(3)专业工程施工质量验收规范。

(4)批准的设计文件、施工图纸及说明书。

(5)工程施工承包合同。

(6)其他相关文件。

2)竣工质量验收的要求

工程项目竣工质量验收应按下列要求进行:

(1)检验批的质量应按主控项目、一般项目验收。

(2)工程质量的验收均应在施工单位自检合格的基础上进行。

(3)隐蔽工程在隐蔽前应由施工单位通知监理工程师或建设单位专业技术负责人进行验收,并应形成验收文件,验收合格后方可继续施工。

(4)参加工程施工验收的人员应具备规定的资格,单位工程的验收人员应具备工程建设相关专业的中级以上技术职称并具有5年以上从事工程建设相关专业的工作经历,参加单位工程验收的签字人员应为各方项目负责人。

(5)涉及结构安全的试块、试件以及有关材料,应按规定进行见证取样检测;对涉及结构安全、使用功能、节能、环保的重要分部工程,应进行抽样检测。

(6)承担见证取样检测及有关结构安全、使用功能等项目的检测单位应具备规定的资质。

(7)工程的观感质量应由验收人员通过现场检查共同确认。

3)竣工质量验收的标准

单位工程是工程项目竣工质量验收的基本对象,应符合下列规定:

(1)单位(子单位)工程所含分部(子分部)工程质量验收均应合格。

(2)质量控制资料应完整。

(3)单位(子单位)工程所含分部工程有关安全和功能的检测资料应完整。

(4)主要功能项目的抽查结果应符合相关专业质量验收规范的规定。

(5)观感质量验收应符合要求。

4. 竣工质量验收的程序

整个验收过程涉及建设单位、设计单位、监理单位及施工总分包各方的工作,必须按照工程项目质量控制系统的职能分工,以监理工程师为核心进行竣工验收的组织协调。

1)竣工验收准备

施工单位按照合同规定的施工范围和质量标准完成施工任务后,经质量自检并合格后,向现场监理机构(或建设单位)提交工程竣工申请报告,要求组织工程竣工验收。

2)竣工预验收

当具备下列条件时,由施工单位向建设单位提交工程竣工验收报告,申请工程竣工验收:

(1)完成建设工程设计和合同约定的各项内容。
(2)有完整的技术档案和施工管理资料。
(3)有工程使用的主要建设材料、构配件和设备的进场试验报告。
(4)有工程勘察、设计、施工、工程监理等单位分别签署的质量合格文件。
(5)有施工单位签署的工程保修书。

3)正式验收

建设单位应在工程竣工验收前7个工作日将验收时间、地点、验收组名单通知该工程的工程质量监督机构。建设单位组织竣工验收会议。正式验收过程的主要工作如下：

(1)建设、勘察、设计、施工、监理单位分别汇报工程合同履约情况及工程施工各环节施工满足设计要求,质量符合法律、法规和强制性标准的情况。

(2)检查审核设计、勘察、施工、监理单位的工程档案资料及质量验收资料。

(3)实地检查工程外观质量,对工程的使用功能进行抽查。

(4)对工程施工质量管理各环节工作、工程实体质量及质保资料情况进行全面评价,形成经验收组人员共同确认签署的工程竣工验收意见。

(5)竣工验收合格,建设单位应及时提出工程竣工验收报告。验收报告还应附有工程施工许可证、设计文件审查意见、质量检测功能性试验资料、工程质量保修书等法规所规定的其他文件。

(6)工程质量监督机构应对工程竣工验收工作进行监督。

5.工程竣工验收备案

(1)建设单位应当自建设工程竣工验收合格之日起15日内,将建设工程竣工验收报告和规划、公安消防、环保等部门出具的认可文件或准许使用文件,报建设行政主管部门或者其他相关部门备案。

(2)备案部门在收到备案文件资料后的15日内,对文件资料进行审查,符合要求的工程,在验收备案表上加盖"竣工验收备案专用章",并将一份退建设单位存档。

学习任务二　建设工程项目安全管理

1. 什么是安全管理？
2. 安全生产检查的内容有哪些？
3. 施工安全隐患的防范措施有哪些？

一、施工安全管理概述

安全生产管理是一个系统的、综合性的管理,其管理的内容涉及建筑生产的各个环节。其方针是"预防为主,安全第一,综合治理"。因此,制订安全政策、计划和措施,完善安全生产组织管理体系和检查体系,加强施工安全管理是重中之重,亦是现代化工程管理里的核心工作内容。

安全管理目标应包括生产安全事故控制指标、安全生产隐患治理目标,以及安全生产、文明施工管理目标等,安全管理目标应予量化。

安全生产检查

1. 安全生产检查的概念

安全检查和改进管理应包括规定安全检查的内容、形式、类型、标准、方法、频次、检查、整改、复查、安全生产管理评估与持续改进等工作内容。

2. 安全检查的内容

(1) 安全目标的实现程度。

(2) 安全生产职责的落实情况。

(3) 各项安全管理制度的执行情况。

(4) 施工现场安全隐患排查和安全防护情况。

(5) 生产安全事故、未遂事故和其他违规违法事件的调查、处理情况。

(6) 安全生产法律法规、标准规范和其他要求的执行情况。

(7) 发生下列情况时,应及时进行安全生产管理评估:

①适用法律法规发生变化。

②企业组织机构和体制发生重大变化。

③发生生产安全事故。

④其他影响安全生产管理的重大变化。

3. 安全检查的形式

日常安全检查、定期安全检查、专业性安全检查、季节性安全检查和节假日后安全检查、不定期安全检查等。

4. 安全检查的方法

(1) "听":听取基层管理人员或施工现场安全员汇报安全生产情况,介绍现场安全工作经验、存在问题、今后发展方向等。

(2) "问":主要是指通过询问、提问,对项目经理为首的现场管理人员和操作工人进行的应知会抽查,以便了解现场管理人员和操作工人的安全意识和安全素质。

(3) "量":主要是用卷尺等长度计量器具进行实测实量,如对脚手架各种杆件间距、在建工程与高压线距离、电箱的安装高度等进行测量。

(4) "测":用仪器、仪表实地进行测量,如用经纬仪测量塔吊塔身的垂直度,用接地电阻测试仪测量接地装置的接地电阻等。

(5) "运转试验":主要是指由具有专业资格的人员对机械设备进行实际操作、试验,检验其运转的可靠性或安全限位装置的灵敏性。如:对施工电梯制动器、限速器、上下极限位器等安全装置的试验等。

二、安全生产的隐患及防范

1. 安全生产隐患的概述

根据《中华人民共和国安全生产法》和其他法律法规,安全隐患是指:公司所属生产经营单位存在可能导致安全生产事故发生的物的危险状态、人的不安全行为和管理上的缺陷。

2. 基础工程安全隐患防范

基础工程施工容易发生基坑坍塌、中毒、触电、机械伤害等类型的生产安全事故。如:基坑发生坍塌以前周围地面会出现裂缝,并不断扩大;支撑系统发出挤压等异常响声或大量水土不断涌入基坑等迹象。进行基坑支护时按表5-2进行排查。

基坑支护排查情况表 表5-2

序号	排查内容	排查要求
1	施工方案	(1) 有基坑支护专项施工方案; (2) 履行编制、审核、批准程序,经总监理工程师签字认可; (3) 坑深度超过5m,进行专家论证
2	临边防护	基坑深度超过2m,有防护措施
3	排水措施	基坑有有效的排水措施
4	上下通道	人员上下搭设有专用通道
5	土方开挖	(1) 土方开挖机械进场有验收合格手续; (2) 挖掘机械与作业人员保持安全距离; (3) 挖掘机械操作人员持证上岗
6	坑边荷载	(1) 积土、料具堆放满足安全距离的要求; (2) 施工机械和载重车辆与基坑满足安全距离要求
7	作业环境	(1) 基坑内作业人员有安全可靠立足点; (2) 垂直交叉作业有安全防护措施; (3) 有安全足够的照明设施

3. 模板工程安全隐患防范

模板工程及支撑体系施工前要按有关规定编制专项方案,必要时还要进行专家论证。其安全隐患一般表现为:模板支撑架体系地基、基础下沉;架体未按规定设置斜杆、剪刀撑和扫地杆;构架的节点构造和连接紧固程度不符合要求等,一般按表5-3进行隐患排查。

模板工程隐患排查情况表 表5-3

序号	排查内容	排查要求
1	施工方案	(1) 有模板工程专项施工方案; (2) 履行编制、审核、批准程序,经总监理工程师签字认可; (3) 高大和特殊模板工程,进行专家论证
2	立柱稳定	(1) 支模材料有相关质量合格证明和现场验收手续; (2) 立柱间距符合设计要求; (3) 立柱底部垫板符合要求; (4) 按要求设置剪刀撑和水平支撑
3	施工荷载	(1) 模板上堆料均匀; (2) 施工荷载不超过设计要求
4	模板验收	(1) 搭设和拆除模板前进行安全技术交底; (2) 搭设完毕进行验收,并有书面验收记录; (3) 模板拆除前履行拆模的审批手续
5	支拆模板	(1) 2m以上高处作业支、拆模板有相应防护措施; (2) 拆除模板时设置警戒区域和监护人; (3) 无悬空模板
6	模板存放	(1) 模板存放高度民及与墙面距离满足要求; (2) 大模板有防倾倒的措施
7	作业环境	(1) 作业面及孔洞有临边防护措施; (2) 垂直交叉作业有防护隔离措施

4. 脚手架工程安全隐患防范

脚手架工程是土木工程施工的重要设施,是为保证高处作业安全、顺利进行施工而搭设的施工工作平台和作业通道。脚手架工程的安全隐患一般表现为:杆件的设置与连接、连墙件、支撑、门洞桁架年久失修,设计不符合要求,地基因积水底座松动;超载使用等。按表5-4和表5-5进行其隐患排查。

落地及悬挑脚手架隐患排查情况表　　　　　　　　　　表5-4

序号	排查内容	排 查 要 求
1	施工方案	(1)脚手架有专项施工方案; (2)脚手架高度超高或特殊脚手架进行计算; (3)符合编制、审核、批准程序; (4)经现场总监理工程师签字批准
2	立杆基础	(1)立杆基础平整、坚实,强度符合计算要求; (2)立杆设置底座; (3)按规定设置扫地杆; (4)有排水措施
3	悬挑梁设置	(1)悬挑梁与建筑物固定可靠,符合计算要求; (2)悬挑梁上斜拉钢丝绳与建筑物及悬挑梁固定可靠; (3)悬挑梁规格、尺寸符合方案要求
4	连墙件	(1)高度大于24m的脚手架必须采用刚性连墙件; (2)连墙件布置数量符合规范要求; (3)连墙件拉结坚固
5	杆件间距	(1)立杆、大横杆、小横杆等杆件的间距符合规范要求; (2)建筑物单元门及其他门洞口位置采取加固措施
6	剪刀撑	(1)剪刀撑与地面夹角为45°~60°跨越立杆5~7根; (2)斜杆接长,搭接长度大于1m,设置3个旋转扣件; (3)剪刀撑设置落地到顶
7	脚手板	(1)作业层上按脚手架的宽度满铺脚手板; (2)脚手板的一端探头长度不超过150mm,并且板两端应与支撑杆固定牢固; (3)装修脚手架作业层上纵向用脚手板的铺设不得少于2块; (4)当长度小于2m的脚手板铺设时,可采用两根横向水平杆支承,但必须将脚手板两端用镀锌钢丝与支承杆可靠捆牢; (5)竹笆板无腐朽
8	防护栏杆	(1)施工层设1.2m高的防护栏杆,并设18cm高的挡脚板; (2)脚手架外侧设密目式安全网
9	小横杆	小横杆设置数量、位置符合要求
10	杆件搭接	(1)钢管脚手架立杆和大横杆的接长应采用对接的方法; (2)立杆接长应交错排列,不得在同一平面内
11	架体内封闭	脚手架与建筑物空隙采取相应的防护措施
12	脚手架材质	有能证明脚手架材质合格的材料

续上表

序号	排查内容	排查要求
13	通道	(1)脚手架上设有通道; (2)通道的宽度和坡度符合要求; (3)通道上设防滑条; (4)设置防护栏杆和挡脚板
14	卸料平台	(1)卸料平台设计计算方案,并履行审核批准及验收程序; (2)支撑系统与建筑物可靠连接,钢丝绳固定可靠; (3)有限定荷载的标牌
15	交底与验收	(1)脚手架搭设前进行安全技术交底; (2)搭设过程和完毕进行分段验收和验收; (3)扣件拧紧力矩不小于40N·m; (4)有交底和验收记录

整体提升脚手架隐患排查情况表   表5-5

序号	排查内容	排查要求
1	使用条件	(1)脚手架有专项施工方案; (2)脚手架进行计算; (3)符合编制、审核、批准程序; (4)经现场总监理工程师签字批准; (5)由专业队伍和人员安排组装、升降和拆卸; (6)经建设部组织鉴定合格
2	架体构造	(1)有定型的主框架; (2)相邻两主框架之间有定型的支撑框架; (3)架体上部悬臂部分高度 不大于架体高度的1/3,且不超过4.5m
3	附着支撑	(1)主框架与楼层设置连接点; (2)钢挑架与墙体连接牢固
4	安全装置	(1)有同步升降装置; (2)有防坠落装置; (3)有防倾斜装置
5	脚手板	(1)竹笆板或脚手板无腐朽; (2)作业层上按脚手架的宽度满铺脚手板或竹笆; (3)离墙间隙封闭严密; (4)脚手架底层严密封闭
6	防护	(1)脚手架外侧使用密目式安全网进行封闭; (2)施工层设1.2m高的防护栏杆,并设18cm高的挡脚板
7	验收	(1)每次升降前有检查合格的记录; (2)扣件拧紧力矩不小于40N·m; (3)每次升降后有验收合格的记录
8	检测、登记	(1)经检测合格,并取得检测合格证书; (2)办理起重机械设备登记手续

5. 施工机具和其他的安全隐患及排查

施工机具和"三宝""四口"的隐患排查要求见表5-6和表5-7。

施工机具隐患排查情况表　　　　　　　　　　　　　　　表5-6

序号	排查内容	排查要求
1	圆盘锯	(1)有安装验收合格手续； (2)有安全防护装置； (3)有保护接零和漏电保护器
2	平刨	(1)有验收合格手续； (2)有保护接零和漏电保护； (3)传动部位有防护装置
3	钢筋机械	(1)有验收合格手续； (2)有保护接零和漏电保护； (3)传动部位有防护装置
4	电焊机	(1)有验收合格手续； (2)焊把线绝缘良好； (3)一、二次侧有防护措施； (4)有保护接零和漏电保护器及防护罩
5	手持电动工具	(1)电源线无接长现象； (2)Ⅰ类手持电动工具有接零保护； (3)转动部件防护装置齐全
6	搅拌机	(1)搅拌机固定可靠； (2)有安装验收手续； (3)钢丝绳满足要求； (4)保险挂钩完好； (5)有保护接零和漏电保护； (6)转动部件和传动部位防护装置齐全
7	气瓶	(1)气瓶使用符合安全距离要求； (2)气瓶存放符合要求； (3)有防震圈、防护帽
8	潜水泵	(1)有保护接零和漏电保护器； (2)电缆线无破损、老化现象

"三宝""四口"排查情况表　　　　　　　　　　　　　　　表5-7

序号	排查内容	排查要求
1	安全帽	(1)安全帽符合国家有关标准规定要求； (2)现场人员按规定佩戴安全帽
2	安全网	(1)安全网的规格、材质符合国家标准有关规定的要求； (2)在建工程项目外侧用密目式安全网进行封闭
3	安全带	(1)安全带符合国家标准有关规定的要求； (2)高处作业人员佩戴安全带作业

续上表

序号	排查内容	排查要求
4	楼梯口、电梯井口	(1)防护措施形成定型化、工具化； (2)电梯井内每隔两层(不大于10m)设置一道水平防护； (3)电梯井口设置安全防护门
5	预留洞口、坑井防护	(1)对洞口(水平孔洞短边尺寸大于25cm,竖向孔洞高度大于75cm)应采取防护措施； (2)防护措施形成定型化、工具化； (3)防护措施严密、坚固、稳定,并标有警示标志
6	通道口防护	(1)通道口应搭设防护棚； (2)用竹笆作防护棚材料时应采用双层防护棚
7	阳台、楼板、屋面等防护	阳台、楼板、屋面无防护设施或设施高度低于80cm时应设防护栏杆,防护栏杆上杆高度为1.0~1.2m,下杆高度为0.5~0.6m,横杆长度大于2m时应设栏杆柱

三、安全事故的分类

1. 按事故原因及性质分类

从建筑活动的特点及事故的原因和性质来看,建筑安全事故可分为生产事故、质量问题、技术事故和环境事故4类。

2. 按事故类别分类

按事故类别分,建筑业相关伤害事故可分为:物体打击、车辆伤害、机械伤害、起重伤害、触电、灼烫、火灾、爆炸、中毒、窒息和其他伤害11类。

3. 按事故严重程度分类

施工质量事故按性质后果分类:施工质量事故、严重质量事故、重大施工质量事故。

(1)施工质量事故：

①直接经济损失在1万元(含1万元)以上,不满5万元的。

②影响使用功能和结构安全,造成永久质量缺陷。

(2)严重质量事故：

①直接经济损失在5万元(含5万元)以上,不满10万元的。

②存在重大质量隐患的。

③事故性质恶劣或造成2人以下重伤的。

(3)重大施工质量事故：

①造成经济损失10万元以上。

②重伤3人以上;死亡2人以下。

4. 伤亡事故的分类

按国务院2007年4月9日发布的《生产安全事故报告和调查处理条例》规定,生产安全事故造成的人员伤亡或直接经济损失把事故分为:

(1)特别重大事故。指造成30人以上死亡,或者100人以上重伤(包括急性工业中毒,下同),或者1亿元以上直接经济损失的事故。

(2)重大事故。指造成10人以上30人以下死亡,或者50人以上100人以下重伤,或者

5000万元以上1亿元以下直接经济损失的事故。

（3）较大事故。指造成3人以上10人以下死亡,或者10人以上50人以下重伤,或者1000万元以上5000万元以下直接经济损失的事故。

（4）一般事故。指造成3人以下死亡,或者10人以下重伤,或者1000万元以下直接经济损失的事故。

学习任务三　建设工程项目成本管理

> 1.什么是成本管理？
> 2.建设工程项目成本管理的措施有哪些？

一、建设工程项目成本管理概述

工程项目成本管理是根据企业的总体目标和工程项目的具体要求,在工程项目实施过程中,对项目成本进行有效的组织、实施、控制、跟踪、分析和考核等的管理活动,以强化经营管理,完善成本管理制度,提高成本核算水平,降低工程成本,是实现目标利润、创造良好经济效益的过程。建筑施工企业在工程建设中实行施工项目成本管理是企业生存和发展的基础和核心。在施工阶段进行成本管理和控制,达到增收节支的目的是项目经营活动中更为重要的环节。我国一些施工企业在工程项目成本管理方面存在着制度不完善、管理水平低等诸多问题,造成成本支出较大而效益低下的不良运作局面。加强工程项目成本管理与控制是施工企业积蓄财力、增强企业竞争力的必然选择。

1.施工成本的组成

施工成本是指在施工项目的施工过程中所发生的全部生产费用的总和,包括所消耗的原材料、辅助材料、构配件等的费用,周转材料的摊销费或租赁费等,施工机械的使用费或租赁费等,支付给生产工人的工资、奖金、工资性质的津贴等,以及进行施工组织与管理所发生的全部费用支出。

工程项目施工成本由直接成本和间接成本组成。

直接成本是指施工过程中耗费的构成工程实体或有助于工程实体形成的各项费用支出,是可以直接计入工程对象的费用,包括人工费、材料费、施工机械使用费和施工措施费等。

间接成本是指为施工准备、组织和管理施工生产的全部费用的支出,是非直接用于也无法直接计入工程对象,但为进行工程施工所必须发生的费用,包括管理人员工资、办公费、差旅交通费等。

2.成本管理的方法

施工成本管理就是要在保证工期和质量满足要求的情况下,采取相关管理措施,包括组织措施、经济措施、技术措施、合同措施,把成本控制在计划范围内,并进一步寻求最大程度的成本节约。施工成本管理的方法包括:施工成本预测,施工成本计划,施工成本控制,施工成本核算,施工成本分析,施工成本考核。

（1）施工成本预测

施工成本预测是指根据企业成本统计的历史资料和市场调查预测,研究企业外部环境和内部影响因素的变化对成本变化的影响作用关系,运用专门的方法,科学地估算一定时间内的成本目标、成本水平,以及成本变化的趋势。

预测是成本决策的基础。只有在成本预测的基础上,提供多个不同成本控制的思路方案,才可能有决策的优选。

成本预测同时也是成本计划的基础,是编制成本计划的依据。没有成本预测,成本控制计划,必然是主观臆断。这种计划,以及建立这种计划基础上的预算也没有作用。

(2)施工成本计划

施工成本计划是以货币形式编制施工项目在计划期内的生产费用、成本水平、成本降低率以及为降低成本所采取的主要措施和规划的书面方案,是建立施工项目成本管理责任制、开展成本控制和核算的基础,它是该项目降低成本的指导文件,是设立目标成本的依据。可以说,成本计划是目标成本的一种形式。

成本计划应在项目实施方案确定和不断优化的前提下进行编制;成本计划的编制是施工成本预控的重要手段,应在工程开工前编制完成。

(3)施工成本控制

施工成本控制是指在施工过程中,对影响项目施工成本的各种因素加强管理,并采取各种有效措施,将施工中实际发生的各种消耗和支出严格控制在成本计划范围内,随时揭示并及时反馈,严格审查各项费用是否符合标准,计算实际成本和计划成本之间的差异并进行分析,进而采取多种形式,消除施工中的损失浪费现象。

施工项目成本控制应贯穿于施工项目从投标阶段开始直到项目竣工验收的全过程,它是企业全面成本管理的重要环节。施工成本控制可分为事先控制、事中控制(过程控制)和事后控制。在项目的施工过程中,需按动态控制原理对实际施工成本的发生过程进行有效控制。

也可以说施工成本控制是在成本预测的基础上,根据计划期的生产任务和利润目标,通过"由下而上"和"由上而下"的两条路线,在充分发挥和调动全体员工积极性的基础上,汇总编制而成的、具有可操作性的成本控制体系。成本计划一经决策机构批准,就具有了权威性,必须坚决贯彻、执行,不得随意改动。

施工成本控制是成本控制和成本考核的依据。

(4)施工成本核算

施工成本核算包括两个基本环节:一是按照规定的成本开支范围对施工费用进行归集和分配,计算出施工费用的实际发生额;二是根据成本核算对象,采用适当的方法,计算出该施工项目的总成本和单位成本。施工成本管理需要正确及时地核算施工过程中发生的各项费用,计算施工项目的实际成本。施工项目成本核算所提供的各种成本信息,是成本预测、成本计划、成本控制、成本分析和成本考核等各个环节的依据。

施工成本一般以单位工程为成本核算对象,但也可以按照承包工程项目的规模、工期、结构类型、施工组织和施工现场等情况,结合成本管理要求,灵活划分成本核算对象。施工成本核算的基本内容包括:人工费核算,材料费核算,周转材料费核算,结构件费核算,机械使用费核算,其他措施费核算,分包工程成本核算,间接费核算,项目月度施工成本报告编制。

(5)施工成本分析

施工成本分析是在施工成本核算的基础上,对成本的形成过程和影响成本升降的因素进行分析,以寻求进一步降低成本的途径,包括有利偏差的挖掘和不利偏差的纠正。

施工成本分析贯穿于施工成本管理的全过程,它是在成本的形成过程中,主要利用施工项目的成本核算资料(成本信息),与目标成本、预算成本以及类似的施工项目的实际成本等进行比较,了解成本的变动情况,同时也要分析主要技术经济指标对成本的影响,系统地研究成本变动的因素,检查成本计划的合理性,并通过成本分析,深入揭示成本变动的规律,寻找降低施工项目成本的途径,以便有效地进行成本控制。成本偏差的控制,分析是关键,纠偏是核心,要针对分析得出的偏差发生原因,采取切实措施,加以纠正。

(6)施工成本考核

施工成本考核是指在施工项目完成后,对施工项目成本形成中的各责任者,按施工项目成本目标责任制的有关规定,将成本的实际指标与计划、定额、预算进行对比和考核,评定施工项目成本计划的完成情况和各责任者的业绩,并以此给以相应的奖励和处罚。通过成本考核,做到有奖有惩,赏罚分明,才能有效地调动每一位员工在各自施工岗位上努力完成目标成本的积极性,为降低施工项目成本和增加企业的积累,做出自己的贡献。

施工成本考核是衡量成本降低的实际成果,也是对成本指标完成情况的总结和评价。施工成本考核的工作内容包括:企业对项目经理的考核,项目经理对各部门及专业管理人员的考核,项目管理效益的评价,施工成本管理的奖罚。

施工成本管理的每一个环节都是相互联系和相互作用的。成本预测是成本决策的前提,成本计划是成本决策所确定目标的具体化。成本计划实施则是对成本计划的实施进行控制和监督,保证决策的成本目标的实现,而成本核算又是对成本计划是否实现的最后检验,它所提供的成本信息又对下一个施工项目成本预测和决策提供基础资料。成本考核是实现成本目标责任制的保证和实现决策目标的重要手段。把成本的实际完成情况与应承担的成本责任进行对比,考核、评价目标成本计划的完成情况。其作用是对每个成本责任单位和责任人,在降低成本上所做的努力和贡献给予肯定,并根据贡献的大小,给予相应的奖励,以稳定和提升员工进一步努力的积极性。同时对于缺少成本意识,成本控制不到位,造成浪费的单位和个人,给予处罚,以促其改进改善。

二、建设工程项目成本控制的措施

为了取得施工成本管理的理想成效,应当从多方面采取措施实施管理,通常可以将这些措施归纳为四个方面:组织措施,技术措施,经济措施和合同措施。

1. 组织措施

组织措施是从施工成本管理的组织方面采取的措施。施工成本控制是全员的活动,如实行项目经理责任制,落实施工成本管理的组织机构和人员,明确各级施工成本管理人员的任务和职能分工、权利和责任。施工成本管理不仅是专业成本管理人员的工作,各级项目管理人员都负有成本控制责任。

组织措施的另一方面是编制施工成本控制工作计划,确定合理详细的工作流程。要做好施工采购规划,通过生产要素的优化配置、合理使用、动态管理,有效控制实际成本;加强施工定额管理和施工任务单管理,控制活劳动和物化劳动的消耗;加强施工调度,避免因施工计划不周和盲目调度造成窝工损失、机械利用率降低、物料积压等而使施工成本增加。成本控制工作只有建立在科学管理的基础之上,具备合理的管理体制,完善的规章制度,稳定的作业秩序,完整准确的信息传递,才能取得成效。组织措施是其他各类措施的前提和保障,而且一般不需要增加什么费用,若运用得当可以收到良好的效果。

2. 技术措施

技术措施对于解决施工成本管理过程中的技术问题是不可缺少的,而且对纠正施工成本管理目标偏差也有相当重要的作用。因此,运用技术纠偏措施的关键,一是要能提出多个不同的技术方案,二是要对不同的技术方案进行技术经济分析。

施工过程中降低成本的技术措施,包括:进行技术经济分析,确定最佳的施工方案;结合施工方法,进行材料使用的比选,在满足功能要求的前提下,通过代用、改变配合比、使用添加剂等方法降低材料消耗的费用;确定最合适的施工机械、设备使用方案。结合项目的施工组织设计及自然地理条件,降低材料的库存成本和运输成本;先进的施工技术的应用,新材料的运用,新开发机械设备的使用等。在实践中,也要避免仅从技术角度选定方案而忽视对其经济效果的分析论证。

3. 经济措施

经济措施是最易为人们所接受和采用的措施。管理人员应编制资金使用计划,确定、分解施工成本管理目标。对施工成本管理目标进行风险分析,并制订防范性对策。对各种支出,应认真做好资金的使用计划,并在施工中严格控制各项开支。及时准确地记录、收集、整理、核算实际发生的成本。对各种变更,及时做好增减账,及时落实业主签证,及时结算工程款。通过偏差分析和未完工工程预测,可发现一些潜在的问题将引起未完工程施工成本增加,对这些问题应以主动控制为出发点,及时采取预防措施。由此可见,经济措施的运用绝不仅仅是财务人员的事情。

4. 合同措施

采用合同措施控制施工成本,应贯穿整个合同周期,包括从合同谈判开始到合同终结的全过程。首先是选用合适的合同结构,对各种合同结构模式进行分析、比较,在合同谈判时,要争取选用适合于工程规模、性质和特点的合同结构模式。其次,在合同的条款中应仔细考虑一切影响成本和效益的因素,特别是潜在的风险因素。通过对引起成本变动的风险因素的识别和分析,采取必要的风险对策,如通过合理的方式,增加承担风险的个体数量,降低损失发生的比例,并最终使这些策略反映在合同的具体条款中。在合同执行期间,合同管理的措施既要密切注视对方合同执行的情况,以寻求合同索赔的机会,同时也要密切关注自己履行合同的情况,以防止被对方索赔。

学习任务四　建设工程项目现场组织与管理

1. 建设项目如何进行现场管理?施工现场管理的要素是什么?
2. 项目中应用了新的施工工艺和施工方法该如何进行现场管理?

施工现场管理的核心是对建设工程项目进行组织管理,通过管理不断建造出社会认可、业主满意的建筑产品,而施工现场管理则是工程项目管理的核心,也是确保建筑工程质量和安全文明施工的关键。对施工现场实施科学的管理,是树立企业形象,提高企业声誉,获取经济效益和社会效益的根本途径。

建设工程项目实施阶段即施工阶段,是把设计图纸和原材料、半成品、设备等变成工程实体的过程,是实现建设项目价值和使用价值的主要阶段。施工现场管理是工程项目管理的关键部分,只有加强施工现场管理,才能保证工程质量、降低成本、缩短工期,提高建筑企业在市场中的竞争力,对建筑企业生存和发展起着重要作用。

一、项目现场组织与管理

1. 加强土建施工现场管理的重要性

建筑施工企业系列标准的贯彻控制,要求施工企业把质量管理的重点放在施工现场,突出施工现场质量控制,建立质量保证体系。考核建筑施工企业的第一系统目标,即质量、安全、成本、工期四大指标。这四大指标的落脚点也都是在施工现场。施工现场露天高空作业多,多工种联合作业,人员流动大,是事故隐患多发地段,加强施工现场管理能有效降低事故发生率,加强工程操作的系统性推行。另外,在施工现场改善人、物、场所的结合状态,减少或消除施工现场的无效劳动,能减少施工材料的消耗,为施工企业节支增收。工期的拖延或赶工都会直接影响到施工的质量、安全和成本因素。加强施工现场管理,提高合同履行率,能确立企业信誉,保证企业效益。施工现场管理是施工企业各项管理水平的综合反映,是整个施工企业管理的基础。

2. 土建施工现场安全管理

安全寓于生产之中,并对生产发挥着促进与保证作用,因此,安全与生产虽有时会出现矛盾,如:一味加快生产进度可能会引起建筑产品的质量问题。安全管理的内容是对生产中的人、物、环境因素状态的管理,在有效地控制人的不安全行为和物的不安全状态,消除或避免事故,达到保护劳动者的安全与健康的目标。安全生产的方针是"安全第一、预防为主",安全第一是从保护生产力的角度和高度,表明在生产范围内安全与生产的关系,肯定安全在生产活动中的位置和重要性。预防为主,首先是端正对生产中不安全检查因素的认识和消除不安全因素的态度,选准消除不安全因素的时机。安全管理不是少数人和安全机构的事,而是一切与生产有关的机构、人员共同的事,缺乏全员的参与,安全管理将没有生气,也没有好的管理效果。

安全管理是一种动态管理,是在变化着的生产经营活动中的一种管理,它是不断发展、不断变化的,以适应变化、消除新的危险因素为主的一种管理活动。需要不间断地摸索新的规律,总结控制的办法与经验,指导新的变化后的管理,从而不断提高安全管理水平。从施工组织设计或施工方案中,要看出较为完善的文明施工方案,包括施工区及环境区的环境卫生管理,以及有健全的施工指挥系统和岗位责任制度,工序衔接交叉合理,交接责任明确;工地的安全文明施工管理水平是该工地乃至所在企业的各项管理工作水平的综合体现,通过以上措施,能将施工项目的安全管理工作上升一个新台阶。

安全管理主要是关于防火、禁止乱搭接电线、戴安全帽、脚手架搭设、安全带使用等相应的施工安全问题,需设立专门的安全小组,日日抓,天天讲,多培训学习,防患于未然。总而言之,施工项目的现场管理是一个系统工程,涉及企业管理的各层次和施工现场的每一操作人员,再加上建筑产品具有生产周期长、外界影响因素多等特点,决定了现场管理的难度较大。

3. 土建施工现场材料管理

建筑安装工程所用的材料费用占工程造价的60%~70%,因此在安装工程的项目管理中,材料管理的成效直接影响到工程造价。作为施工单位,在施工前,对工程所需材料不仅要进行货源的调查研究,广泛收集供货信息,尽量寻找货和价的最佳结合点,而且还要根据施工组织设计及有关计算实际需要的材料、设备总量,编制好需求计划。在施工中做好旬计划、月计划,要充分考虑资金的合理运转和现场场地实际情况以及工程进度需要,合理安排施工所需机械的进退场,特别要注意材料的保管,以免出现如水泥在保管中因违规堆放出现受潮及底层结块、钢筋未垫好而出现锈蚀导致不能使用等现象,避免不必要的浪费。制定合理的材料采购、保管制度,建立材料价格信息中心和材料价格监管机制,提高采购人员的自身素质和业务水平,保证货比三家、质优价廉的购买材料,减少工程成本,提高企业利润。因此,必须解决好以下几方面的问题:

(1)材料供应。配合设计方确定所需材料的品牌、材质、规格,精心测算所需材料的数量,组织材料商供货。

(2)材料采购。面对种类繁多的材料采购单,必须将数量(含实际损耗)、品牌、规格、产地等一一标识清楚,尺寸、材质、模板等必须一次到位,以避免材料订购不符,进而影响工程进度。

(3)材料分类堆放。根据现场实际情况及进度情况,合理安排材料进场,对材料做进场验收,抽检抽样,并报检于甲方、设计单位。整理分类,根据施工组织平面布置图指定位置归类堆放于不同场地。

(4)材料发放。对于到场材料,清点检验并造册登记,严格按照施工进度凭材料出库单发放使用,并且需对发放材料进行追踪,避免材料丢失或者浪费。特别是要对型材下料这一环节严格控制。对于材料的库存量,库管员务必及时整理盘点,并注意对各种材料进行分类堆放,易燃品、防潮品均需采取相应的材料保护措施。

4.土建施工现场质量管理

(1)测量控制。施工前监理人员对施工放线及高程控制进行检查,对质量建筑实体所能出现的容许误差做出严格的控制,在施工过程中,应对工程体的几何尺寸、高程校核等随时进行检查,对不合乎工程实体基本测量要求者,应及时指令施工单位处理。

(2)指令文件控制。即监理工程师通过书面形式对施工承包单位提出其所需完成的建筑任务,指出施工单位存在的问题,明确施工单位的责任。

(3)实验控制。监理工程师判定材料和各工程项目的品质是以现场实验数据作为评判标准的。分部工程中的每道程序所用材料的物理、化学性能,结构的抗拉、压、弯各项强度及拌料的配合比,通常需利用现场实验所得数据来评判质量情况。

(4)驻地监督控制,在施工现场中观察工程的变更过程,及时处理有质量隐患的事故,对有危险苗头的项目予以重视并上报监理人员。

二、实例分析

总之,一个建设项目在进行施工"组织"与"管理"时涉及材料、人员、机械、环境、施工方法等方方面面,所以编制施工组织设计和进行施工项目管理时要放眼全局,统筹布设,综合考虑,这样才能符合事物的客观发展规律,建设出优质的建设项目。

以某楼盘实施性施工组织设计来解读进行施工现场管理和组织的关键,见教材配套的电子资源。

参 考 文 献

[1] 郭庆阳.建筑施工组织[M].北京:中国电力出版社,2011.
[2] 李源清.建筑工程施工组织设计[M].北京:北京大学出版社,2012.
[3] 李红立.建筑施工施工组织编制与实施[M].天津:天津大学出版社,2010.
[4] 危道军.建筑施工组织与造价管理实训[M].北京:中国建筑工业出版社,2007.
[5] 全国一级建造师执业资格考试用书编写委员会.建设工程项目管理[M].3版.北京:中国建筑工业出版社,2012.
[6] 中华人民共和国国家标准.GB/T 50502—2009 建筑施工组织设计规范[S].北京:中国建筑工业出版社,2009.
[7] 中国建筑业协会筑龙网.施工组织设计范例50篇[M].2版.北京:中国建筑工业出版社,2008.
[8] 张守健,谢颖.施工组织设计与进度控制[M].北京:科学出版社,2009.
[9] 《建设施工手册》编写组.建筑施工手册 第一册[M].4版.北京:中国建筑工业出版社.2012.